"十四五"职业教育部委级规划教材

NONGCHANPIN JIAGONG JISHU:
LIANG-YOU CHANPIN JIAGONG

农产品加工技术：
粮油产品加工

胡彩香 李 岩 刘 馨/主 编

中国纺织出版社有限公司

内 容 提 要

本书采用模块化设计思路，按照生产实际和岗位需求设计开发课程，介绍了果蔬产品、肉制品、乳制品、焙烤产品、粮油产品加工技术 5 个大模块，由各大类农产品加工制品下的具体产品构成多个教学项目，将新技术、新工艺、新规范、典型生产案例及时纳入教学内容，突出岗位性、专业性、实用性，提高学生专业技能。本书通俗易懂，可操作性强，适合作为中等职业院校、各类食品生产企业等相关专业人员进行农产品加工的参考用书，也可用于农民培育教材。

图书在版编目（CIP）数据

农产品加工技术/胡彩香，李岩，刘馨主编. --北京：中国纺织出版社有限公司，2022.12
ISBN 978-7-5229-0047-6

Ⅰ.①农⋯ Ⅱ.①胡⋯ ②李⋯ ③刘⋯ Ⅲ.①农产品加工—教材 Ⅳ.①S37

中国版本图书馆 CIP 数据核字（2022）第 208450 号

责任编辑：闫 婷　　责任校对：高 涵　　责任印制：王艳丽

中国纺织出版社有限公司出版发行
地址：北京市朝阳区百子湾东里 A407 号楼　邮政编码：100124
销售电话：010—67004422　传真：010—87155801
http://www.c-textilep.com
中国纺织出版社天猫旗舰店
官方微博 http://weibo.com/2119887771
天津千鹤文化传播有限公司印刷　各地新华书店经销
2022 年 12 月第 1 版第 1 次印刷
开本：787×1092　1/16　印张：23.5
字数：519 千字　定价：58.00 元（全 5 册）

凡购本书，如有缺页、倒页、脱页，由本社图书营销中心调换

前　　言

农产品加工技术是对农业生产的动植物产品及其物料进行加工的生产技术，是促进农民就业增收的重要途径和建设社会主义新农村的重要支撑，是满足城乡居民生活需求的重要保证。农产品加工业产业关联度高、涉及面广、吸纳就业能力强、劳动技术密集，在服务"三农"、壮大县域经济、促进就业、扩大内需、增加出口、保障食品营养健康与质量安全等方面发挥重要作用。

本书采用模块化设计思路，按照生产实际和岗位需求设计开发课程，深入实施职业技能等级证书制度，将新技术、新工艺、新规范、典型生产案例及时纳入教学内容，突出岗位性、专业性、实用性，提高学生专业技能；将专业精神、职业精神和工匠精神融入教学任务，注重培养学生良好的职业道德和职业素养。

本书介绍了果蔬产品、肉制品、乳制品、焙烤产品、粮油产品加工技术5个大模块，由各大类农产品加工制品下的具体产品构成多个教学项目。每个项目以典型农产品的加工生产为例，从学习目标、任务资讯（任务案例）、任务发布、任务分析、任务实施［一、生产规范要求；二、原辅材料要求；三、加工工艺操作；四、主要质量问题及防（预防）治（解决）方法；五、成品质量标准及评价］等方面介绍不同农产品加工生产的技术，并有详细的专项实训，以便师生根据实际情况选择，实现教、学、做一体化。本书通俗易懂，可操作性强，适合作为中等职业院校、各类食品生产企业等相关专业人员进行农产品加工的参考用书，也可用于高素质农民培育教材。

由于笔者知识面和专业水平有限，书中不妥之处在所难免，敬请专家、读者批评指正，笔者不胜感谢。

编者
2022年10月

目　录

项目五　粮油产品加工 ·· 1
　任务一　小麦粉加工 ··· 1
　任务二　生干面制品加工 ·· 12
　任务三　生湿面制品加工 ·· 19
　任务四　稻谷加工 ··· 27
　任务五　米粉加工 ··· 34
　任务六　大豆食品加工 ··· 40
　任务七　方便面加工 ·· 53
　任务八　植物油脂加工 ··· 61

参考文献 ··· 84

图书资源

项目五　粮油产品加工

任务一　小麦粉加工

学习目标

【素质目标】
1. 了解近几年小麦粉行业发展概况
2. 了解各地区小麦粉的基本特点

【技能目标】
1. 能够根据标准要求进行小麦粉加工原辅料的验收
2. 能够根据原辅料特点和成分对加工工艺参数进行调整
3. 能够预防和解决小麦粉加工过程中的主要质量安全问题

【知识目标】
1. 掌握小麦的主要理化成分和加工特点
2. 掌握小麦粉加工的原辅料验收要求
3. 掌握典型小麦粉加工的主要工艺流程和关键工艺参数
4. 掌握小麦粉加工中的主要质量安全问题及防（预防）治（解决）方法
5. 掌握小麦粉成品的质量安全标准要求及其评价方法

任务资讯（任务案例）

小麦是全球分布最为广泛的粮食作物，世界上有超过40%的人口以小麦为主食。近几年，我国的小麦产量均维持在1.3亿吨左右，小麦的消耗量在1.2亿吨左右，虽然我国小麦的自给率很高，但我国每年仍进口小麦用于调剂补缺，其中约75%的小麦用作制粉生产，所以小麦制粉作为小麦产业链的关键纽带，具有举足轻重的地位。

新疆是我国陆地面积第一大的省级行政区，位于中国西北边陲，地处亚欧大陆腹地，历史上是古丝绸之路的重要通道，考古推测小麦原产地是在西亚，大约四千多年前通过新疆引入我国。新疆自古就有种植小麦的历史，在新疆小麦种植分布广泛，天山南北均有种植。近几年，新疆小麦种植面积及小麦产量逐年增加，2021年，新疆小麦种植面积达1千万公顷，小麦产量582.09万吨。

新疆气候属于典型的温带大陆性气候，夏季干旱炎热，昼夜温差大，6月降水稀少，有利于小麦生长灌浆。由于小麦生长期长，灌浆充足，结成的籽粒饱满，小麦蛋白质含量高达15%，湿面筋的含量接近40%，品质很高。2019年新疆粮食行业协会组建了新疆面粉产业联盟，仓麦园等8家企业共同打造"新疆面粉"集体商标，"新疆面粉"以"筋道、有嚼劲、天然、健康"赢得了好口碑。

截至2021年1月，新疆面粉相关企业注册数量达1.11万家，但随着消费需求的多样化，小麦粉不仅消费总量大，产品类别也更趋丰富，对加工企业提出了越来越高的要求。

 任务发布

2022年初，某知名品牌小麦粉制品中被检出真菌毒素脱氧雪腐镰刀菌烯醇超标，经该食品企业组织专项小组全面排查后发现，属于偶发性的小麦原粮污染所致。该食品安全事件引起了众多小麦粉企业的重视，新疆某小麦粉加工企业为杜绝此类事件，计划从小麦粉加工的生产线搭建、原辅料验收、工艺流程以及过程关键控制等几方面，对其公司精制粉和营养强化小麦粉两条生产线进行全面合规排查。如果你作为该公司的质量负责人，应如何完成此项任务？

 任务分析

依据《食品安全国家标准 粮食》（GB 2715—2016），成品粮是指原粮经机械等方式加工的初级产品，如大米、小麦粉等。故小麦粉属于成品粮，其安全指标应符合该标准的要求。

依据《小麦粉》（GB/T 1355—2021），小麦粉是指由小麦经过碾磨制粉，部分或全部去除麸皮和胚，用于制作面制食品的产品。按照加工精度，小麦粉分为精制粉、标准粉、普通粉三个类别。精制粉是指加工精度高，麸皮碎片小、含量少，且灰分含量不高于0.7%的小麦粉。该标准适用于无添加物的食用小麦粉。

依据《营养强化小麦粉》（GB/T 21122—2007），营养强化小麦粉是指采用符合GB/T 1355要求的小麦粉为原料，按照GB 14880规定的营养强化剂品种和使用量，添加一种或多种营养素的小麦粉。

要进行精制粉和营养强化小麦粉的加工，需要根据食品生产许可的要求具备环境场所、设备设施、人员制度等方面的要求，分别需要获得通用小麦粉生产许可证、专用小麦粉生产许可证（获得专用小麦粉生产许可证的，其范围可以覆盖通用小麦粉），才能开展生产工作。在小麦粉的加工方面，首先需要了解小麦的主要品种，以及各品种的主要理化成分和加工特点，根据标准要求采购验收小麦粉原料；其次，要按照小麦粉加工的基本工艺流程和参数开展生产加工，在加工过程中要利用各种技术手段预防或解决各类产品质量安全问题，确保产品质量安全；最后，要根据成品标准对成品进行检验。

任务实施

一、生产规范要求

(一) 环境场所

良好的卫生环境是生产安全食品的基础,小麦粉企业的生产环境应符合《食品安全国家标准 食品生产通用卫生规范》(GB 14881)、《食品安全国家标准 谷物加工卫生规范》(GB 13122)等相关标准的要求。厂区不应选择对食品有显著污染的区域,不应选择有害废弃物以及粉尘、有害气体、放射性物质和其他扩散性污染源不能有效清除的地址,周围不宜有虫害大量孳生的潜在场所,难以避开时应设计必要的防范措施;厂区应合理布局,各功能区域划分明显,并有适当的分离或分隔措施,防止交叉污染;宿舍、食堂、职工娱乐设施等生活区应与生产区保持适当距离或分隔。厂房和车间的内部设计和布局应满足食品卫生操作要求,避免食品生产中发生交叉污染;厂房和车间应根据产品特点、生产工艺、生产特性以及生产过程对清洁程度的要求合理划分作业区,并采取有效分离或分隔;用于堆放、晾晒谷物、半成品、成品的地面不得铺设含有沥青等有害物质的材料。

(二) 设备设施

小麦粉生产企业应配备与生产能力和实际工艺相适应的设备,生产设备应有明显的运行状态标识,并定期维护、保养和验证。设备安装、维修、保养的操作不应影响产品质量和食品安全。设备应进行验证或确认,确保各项性能满足工艺要求,无法正常使用的设备应有明显标识。

小麦粉生产所需设备一般包括:筛选设备(振动筛,平面回转筛)、比重去石机、磁选设备(电磁辊,永磁铁)、磨粉机、筛理设备(平筛,高方筛)、清粉机(专用小麦粉必备)、微量添加设备(必要时)、包装设备、其他必要的辅助设备(如绞龙,风网等)。

另外,仓库应配备粮温、库温等粮情监测、通风等温湿度调控和防控虫害、鼠害、鸟类等保证粮食安全储存的设备;外溢粉尘的部位应安装粉尘控制装置。

二、原辅材料要求

(一) 小麦成分

《小麦品种品质分类》(GB/T 17320—2013)根据小麦籽粒的用途,将小麦分为强筋小麦、中强筋小麦、中筋小麦、弱筋小麦。新疆小麦品种品质改良工作已经进行了约20年,优质小麦品种陆续被选育和推广,小麦品质状况也发生了变化,目前,以强筋小麦和中强筋小麦为主。

根据《中国食物成分表》(2018年版),小麦的主要成分见表1。

表1 小麦一般营养素成分表 (以每100g可食部计)

食物成分名称	食物名称
	小麦(代表值)[1]
水分/g	10.0

续表

食物成分名称	食物名称
	小麦（代表值）[1]
能量/kJ	1416
蛋白质/g	11.9
脂肪/g	1.3
碳水化合物/g	75.2
不溶性膳食纤维/g	10.8
胆固醇/mg	0
灰分/g	1.6
维生素 A/μg RAE	0
胡萝卜素/μg	0
视黄醇/μg	0
维生素 B_1/mg	0.40
维生素 B_2/mg	0.10
烟酸/mg	4.0
维生素 C/mg	0
维生素 E/mg	1.82
钙/mg	34
磷/mg	325
钾/mg	289
钠/mg	6.8
镁/mg	4
铁/mg	5.1
锌/mg	2.33
硒/μg	4.05
铜/mg	0.43
锰/mg	3.10

注：1. 代表值是指当来自不同地区的同一种食物有多个的时候，为了便于使用，《中国食物成分表》（2018 年版）对不同产区或不同品种的多条同个食物营养素含量计算了"x"代表值。

（二）小麦验收要求

用作小麦粉制粉原料的小麦应符合《食品安全国家标准 粮食》（GB 2715—2016）的要求，该标准规定了小麦的感官要求、有毒有害菌类和植物种子限量要求，真菌毒素限量、污染物限量、农药残留限量应分别符合 GB 2761、GB 2762、GB 2763 的规定。

依据《小麦粉》（GB/T 1355—2021）的规定，小麦粉的原料小麦应符合 GB 1351 的规定，生产用水应符合 GB 5749 的规定。《小麦粉》（GB/T 1355—2021）适用于无添加物的食用小麦粉。

依据《营养强化小麦粉》（GB/T 21122—2007），营养强化小麦粉应采用符合 GB/T 1355 要求的小麦粉为原料，按照 GB 14880 规定的营养强化剂品种和使用量，添加一种或多种营养素的小麦粉，食品添加剂的使用应按 GB 2760 执行。

（三）加工用水要求

为了实现对小麦水分的调节，在小麦粉加工过程中一般都会有着水和润麦工序。《食品安全国家标准　食品生产通用卫生规范》（GB 14881）规定，食品加工用水的水质应符合 GB 5749 的规定；《食品安全国家标准　谷物加工卫生规范》（GB 13122）规定，用于清洁与产品接触的设备和工具的用水以及生产用水应符合 GB 5749 中的相关规定。所以，生产小麦粉需要预先分析生产用水的质量，是否满足《生活饮用水卫生标准》（GB 5749）中的要求。

三、加工工艺操作

依据《小麦粉生产许可证审查细则》，小麦粉的工艺流程一般包括：清理（筛选，去石，磁选等）、水分调节（包括润麦，配麦）、研磨（磨粉机，松粉机，清粉机）、筛理（平筛，高方筛）和成品包装等。

（一）精制粉的加工

精制粉因加工精度高，蛋白质含量高、灰分含量低，制品口味好、营养丰富等优点一直以来比较受欢迎。

1. 工艺流程

小麦→清理（筛选，去石，磁选等）→水分调节（包括润麦，配麦）→研磨（磨粉机，松粉机，清粉机）→筛理（平筛，高方筛）→成品包装。

2. 操作要点

（1）原料的进货与中间贮存：小麦在收购中严把质量关，由检验员检验合格后，按等级分仓存放，原粮库应保持清洁、干燥、防雨、防潮、防虫、防鼠、无异味，不应与有毒有害物质或含水分较高的物质混存。

（2）初清入仓：毛麦提升到初清筛后，由初清筛筛去大型土块、石块、绳头等大杂，然后自然流入毛麦仓储存。

（3）打麦：用打麦机对小麦表面进行摩擦打击，使黏附在小麦表皮和腹沟中的杂质得到分离，并对易碎的土块等进行破碎，利于下道工序分级。

（4）振动筛选：毛麦经提升机提升到振动筛，由振动筛筛去秸秆、石子、土块、草籽等杂质以及荞麦籽等杂粮。

（5）去石：毛麦进入去石机，由去石机去除并肩杂和麦糠、麦灰等轻杂。

（6）水分调节：由提升机将小麦提升到强力着水机，由强力着水机根据小麦的水分含量进行自动强力着水，达到生产所含水量要求。如果出现着水超标事故，可以通过搭配不同水分的净麦仓，由配麦器进行入磨水分调整至工艺水分，并适当调整磨粉操作，保证面粉水分符合要求。硬质小麦的润麦时间一般为 24~30h 左右，软质小麦的润麦时间一般为 16~24h，夏季所需要的润麦时间比冬季要短。

（7）配麦：水分调节前后可设置配麦工序。水分调节前，小麦搭配是按比例配料下麦；

水分调节后，小麦搭配是分先后把各批小麦清理着水，分别流入各个润麦仓润麦，由仓下放麦闸门或配麦器控制配麦比例，在纹龙中混合。配麦可以达到保证小麦粉质量，提高出粉率等目的。

（8）磁选：过程中多次磁选，以清除小麦粉中的磁性金属物，确保磁性金属物在终产品中的含量≤0.003g/kg。

（9）研磨分离：将小麦进行破碎，分出大皮、麦渣、胚乳、麦心等部分。

（10）松粉：经研磨后的物料由撞击松粉机进行研磨撞击松粉，以便于高方筛清理分级。

（11）筛理：由高方筛对物料进行清理分级，分出麦皮、麦心颗粒、麦渣和面粉，物料分别进入磨粉机、清粉机、集粉绞龙。

（12）清粉：由清粉机根据物料的悬浮速度、颗粒不同，对一定的混合物料进行分级，得到较纯的物料送到下道磨粉机研磨。

（13）面粉汇集混合：包括两种形式。一是配粉系统配粉，根据产品质量的不同，将配粉仓里的面粉，进行不同比例搭配，并根据需要加入一定比例的添加剂，然后进行充分混合。二是集粉绞龙配粉，按照各粉管的面粉品质不同收集面粉到不同的集粉绞龙，并根据需要在集粉绞龙处加入添加剂，在入仓过程中进行充分地混合，达到改善面粉品质的目的。

（14）面粉检查（混合筛理、小检查筛）：配粉完成后（包括通过集粉绞龙配粉），进行打包前，还要经过小检查筛进行最后的筛理，最后一步清除异物。

（15）副产品检查：麸皮经过研磨后进入刷麸机，把麸皮和粘连在一起的面粉分离，麸皮通过风道进入出麸口，进行打包入库。

（二）营养强化小麦粉的加工

小麦粉在生产过程中，维生素B_1、维生素B_2、尼克酸和锌均有70%以上的损失，叶酸也有40%损失，铁和钙元素也是我国居民特别是经济欠发达地区居民饮食极易缺乏的矿物元素。通过对主食的营养强化是改善民众营养状况的有效途径，因此，对小麦粉实行营养强化十分必要。

营养强化小麦粉是指采用符合GB/T 1355要求的小麦粉为原料，按照GB 14880规定的营养强化剂品种和使用量，添加一种或多种营养素的小麦粉。所以，其小麦清理工艺流程以及部分制粉工艺流程与一般的小麦粉加工流程一致。

1. 工艺流程

小麦→清理（筛选，去石，磁选等）→水分调节（包括润麦，配麦）→研磨（磨粉机，松粉机，清粉机）→筛理（平筛，高方筛）→营养强化剂及其他食品添加剂→面粉汇集混合→成品包装。

2. 操作要点

除精制小麦粉加工过程中的操作要点外，营养强化小麦粉还需要注意以下操作要点：

（1）辅料接收贮存：面粉强化所使用食品营养强化剂的品种和添加量应符合GB 14880的规定，并符合规格标准的要求；食品添加剂的使用应按GB 2760执行，并符合相应的规格标准的要求。所有辅料经检验员检验合格后入库存放，库内保持干燥、防虫、防鼠，库内不得存放其他有碍辅料卫生的物品。

（2）营养强化剂及其他食品添加剂的添加：由高方筛各面粉管道提取的面粉汇入面粉汇

集绞龙，按面粉流量，使用微量添加机加入营养强化剂及其他食品添加剂；或者在配粉系统中，通过螺旋喂料和计量秤，按照大螺旋配料秤的重量，按比例添加到混合机中。

（三）麦麸的加工利用

小麦麸皮是指小麦在干磨制粉生产过程中，经过逐道研磨和筛理，除去打碎入粉的胚乳剩下的成分，约占小麦籽粒质量的15%，是制粉工业的主要副产品。小麦麸皮中含有较丰富的酶、蛋白质、碳水化合物、维生素和矿物质等，来源充足且价格低廉，具有很高的经济效益和社会效益。目前，小麦麸皮的加工利用既包括直接利用，也包括提取利用。

直接利用方面主要是用于饲料加工、制作麸制粉、加工使用麸皮等，也是小麦麸皮的主要利用方式。麦麸中含有较高的蛋白质、膳食纤维以及碳水化合物，可以分离出食用蛋白、提取膳食纤维、提取低聚糖；另外，利用小麦麸皮可以制备多种食品添加剂，如丙酮、丁醇、天然抗氧化剂维生素E、植酸、β-淀粉酶等。

四、主要质量问题及防（预防）治（解决）方法

小麦粉在加工过程中容易出现的质量安全问题包括原料污染、小麦粉中灰分超标、含砂量超标、磁性金属物超标以及过程污染等。

（一）原料污染及预防措施

原粮储存是在毛麦仓内实现的，毛麦仓内可能出现的污染包括小麦残存仓内时间过长，导致变质；各种杂物进入仓内造成污染，其中，较严重的是老鼠进入仓内，在仓内生存和繁殖等，造成老鼠粪便和死老鼠等物的污染。因此，麦仓仓壁应处理得平整光洁，下锥斗倾角应大于50°，以避免小麦留存于仓壁上或锥斗内出现变质情况，麦仓应预留人工清理的入口，以便于工人定期清理，并采取安装密封盖等防止各种杂物和老鼠进入的措施。

（二）小麦粉中灰分超标及预防措施

灰分是衡量面粉加工精度的重要指标，影响灰分指标的主要因素包括出粉率、原料、清理工艺、水分调节及润麦时间、设备操作等。一般出粉率越高，灰分值相应就越高，可以采取适当控制出粉率来降低灰分值。淀粉灰分远远小于蛋白质中的灰分含量，一般情况下含淀粉高的软质小麦较含蛋白质高的硬质小麦加工出的小麦粉灰分值低；如果小麦中秕麦、虫蚀粒、发芽粒、赤霉病粒、霉变粒含量高，也会导致灰分值偏高。有条件的加工企业多采用湿法清理，不仅能清洗小麦腹沟，同时又能起到打麦和表面清理，有效地分离出并肩石。只有尽可能地保障小麦的纯净，才能确保灰分指标达标。在生产过程中，通过合理的水分调节及润麦时间，可以保证麸皮的完整，降低面粉中麸星含量，有效地降低灰分值。

（三）含砂量和磁性金属物超标及预防措施

粉类中所含砂、石、土等无机杂质的量称为含砂量，小麦粉含砂量高，影响食用品质，当粉状粮食中含有细砂达到0.03%~0.05%时，制成食品食用就会产生牙碜感觉，不仅降低食用品质，而且也危及人体健康。小麦粉中混入的磁性金属物也会对人体产生健康危害。

预防含砂量和磁性金属物超标可以从原料、工艺和设备3个方面进行。在原料方面，既要严把小麦收购的质量，也要做好原粮搭配，合理配麦可以把小麦含砂种类和数量相互冲淡，更好发挥各自除杂设备效率。在工艺方面，应有合理的清理工艺设计，以彻底清理沙石和磁性金属物等杂质，对于磁性金属物还应采取磁性金属测定仪来确保最终的小麦粉中不含磁性金属物。

（四）过程污染及预防措施

过程中的污染主要是物料在设备中堆积、堵塞导致变质，以及过程中各种杂物混入物料，如老鼠、蚊虫、设备零件等。控制过程污染要保证各加工阶段设备的合理性设计，例如，选择圆滑拐角设计、预留清理入口以及安装密封盖等；还应确保制粉车间设备和环境的清洁，防止设备维修对物料的污染等。

五、成品质量标准及评价

《食品安全国家标准 粮食》（GB 2715—2016）标准规定，作为成品粮的小麦粉中真菌毒素限量、污染物限量、农药残留限量应分别符合 GB 2761、GB 2762、GB 2763 的规定。

《小麦粉》（GB/T 1355—2021）规定了精制小麦粉的加工精度、灰分含量等质量指标、检测方法、标签标识等要求。

《营养强化小麦粉》（GB/T 21122—2007）规定了营养强化小麦粉的营养强化剂和食品添加剂使用、技术要求、检测方法以及标签标识等要求。

依据上述规定，整理出精制小麦粉和营养强化小麦粉应符合的质量安全指标如表 2、表 3 所示。

表 2 精制小麦粉质量安全指标

产品指标要求		指标要求	标准法规来源	检验方法
原料要求		小麦：应符合 GB 1351 的规定 生产用水：应符合 GB 5749 的规定		
理化指标	加工精度	按标准样品或仪器测定值对照检验麸星	GB/T 1355	GB/T 5504 或 GB/T 27628
	灰分含量	≤0.70%（以干基计）		GB 5009.4 或 GB/T 24872
	脂肪酸值	≤80mg/100g（以湿基，KOH 计）		GB/T 5510 或 GB/T 15684
	水分含量	≤14.5%		GB 5009.3 或 GB/T 5497
	含砂量	≤0.02%		GB/T 5508
	磁性金属物	≤0.003g/kg		GB/T 5509
	色泽、气味	正常		GB/T 5492
	外观形态	粉状或微粒状，无结块		GB/T 1355
	湿面筋含量	≥22.0%		GB/T 5506.1 或 GB/T 5506.2
	净含量	见《定量包装商品计量监督管理办法》		JJF 1070.2
污染物限量	总汞	≤0.02mg/kg（以 Hg 计）	GB 2762	GB 5009.17
	苯并[a]芘	≤5.0μg/kg		GB 5009.27
	镉	≤0.1mg/kg（以 Cd 计）		GB 5009.15
	铬	≤1.0mg/kg（以 Cr 计）		GB 5009.123
	总砷	≤0.5mg/kg（以 As 计）		GB 5009.11
	铅	≤0.2mg/kg（以 Pb 计）		GB 5009.12

续表

产品指标要求		指标要求	标准法规来源	检验方法
真菌毒素限量	黄曲霉毒素 B1	≤5.0μg/kg	GB 2761	GB 5009.22
	脱氧雪腐镰刀菌烯醇	≤1000μg/kg		GB 5009.111
	玉米赤霉烯酮	≤60μg/kg		GB 5009.209
	赭曲霉毒素 A	≤5.0μg/kg		GB 5009.96
放射性指标	^3H	≤2.1×10^5 Bq/kg	GB 14882	
	^{89}Sr	≤1.2×10^3 Bq/kg		
	^{90}Sr	≤9.6×10^1 Bq/kg		
	^{133}I	≤1.9×10^2 Bq/kg		
	^{137}Cs	≤2.6×10^2 Bq/kg		
	^{147}Pm	≤1.0×10^4 Bq/kg		
	^{239}Pu	≤3.4 Bq/kg		
	^{210}Po	≤6.4 Bq/kg		
	^{226}Ra	≤1.4×10 Bq/kg		
	^{223}Ra	≤6.9 Bq/kg		
	天然钍	≤1.2mg/kg		
	天然铀	≤1.9mg/kg		

表3 营养强化小麦粉质量安全指标

产品指标要求		指标要求	标准法规来源	检验方法
质量指标		除灰分指标外，按 GB/T 1355 执行。对于强化钙和多种矿物质的营养强化小麦粉，灰分指标在 GB/T 1355 规定的相应类型和等级小麦粉的基础上增加 0.27 个百分点；对于强化不含钙的其他矿物质的营养强化小麦粉，灰分指标在 GB/T 1355 规定的相应类型和等级小麦粉的基础上增加 0.02 个百分点	GB/T 21122	GB/T 1355、GB/T 21122
污染物限量	总汞	≤0.02mg/kg（以 Hg 计）	GB 2762	GB 5009.17
	苯并[a]芘	≤5.0μg/kg		GB 5009.27
	镉	≤0.1mg/kg（以 Cd 计）		GB 5009.15
	铬	≤1.0mg/kg（以 Cr 计）		GB 5009.123
	总砷	≤0.5mg/kg（以 As 计）		GB 5009.11
	铅	≤0.2mg/kg（以 Pb 计）		GB 5009.12

续表

产品指标要求		指标要求	标准法规来源	检验方法
真菌毒素限量	黄曲霉毒素B1	≤5.0μg/kg	GB 2761	GB 5009.22
	脱氧雪腐镰刀菌烯醇	≤1000μg/kg		GB 5009.111
	玉米赤霉烯酮	≤60μg/kg		GB 5009.209
	赭曲霉毒素A	≤5.0μg/kg		GB 5009.96
放射性指标	^{3}H	≤2.1×10^{5} Bq/kg	GB 14882	
	^{89}Sr	≤1.2×10^{3} Bq/kg		
	^{90}Sr	≤9.6×10^{1} Bq/kg		
	^{133}I	≤1.9×10^{2} Bq/kg		
	^{137}Cs	≤2.6×10^{2} Bq/kg		
	^{147}Pm	≤1.0×10^{4} Bq/kg		
	^{239}Pu	≤3.4 Bq/kg		
	^{210}Po	≤6.4 Bq/kg		
	^{226}Ra	≤1.4×10 Bq/kg		
	^{223}Ra	≤6.9 Bq/kg		
	天然钍	≤1.2mg/kg		
	天然铀	≤1.9mg/kg		

实训工作任务单

学习项目	小麦粉加工技术	工作任务	小麦粉加工
时间		工作地点	
任务内容	小麦的初清，毛麦清理，光麦清理，皮磨，心磨，渣尾磨，筛理，清粉，汇集混合生产过程中存在的质量问题与解决方法		
工作目标	素质目标 1. 了解近几年小麦粉行业发展概况 2. 了解地方小麦粉的基本特点 技能目标 1. 能够根据标准要求进行小麦粉加工原辅料的验收 2. 能够根据原辅料特点和成分对加工工艺参数进行调整 3. 能够预防和解决小麦粉加工过程中的主要质量安全问题 知识目标 1. 掌握小麦的主要理化成分和加工特点		

续表

工作目标	2. 掌握小麦粉加工的原辅料验收要求 3. 掌握典型小麦粉加工的主要工艺流程和关键工艺参数 4. 掌握小麦粉加工中的主要质量安全问题及防（预防）治（解决）方法 5. 掌握小麦粉成品的质量安全标准要求及其评价方法
产品描述	请描述该产品的特点、感官性状、营养成分等
实验设备	请列举本次实验使用的设备，并描述操作要点
操作要点	请根据课程学习和实验操作填写小麦粉加工的工艺流程和操作要点
成果提交	实训报告，小麦粉产品
相关标准/ 验收标准	请根据课程学习和实验操作填写小麦粉的相关验收标准，包括指标名称、指标要求、检测方法、来源标准法规
实验心得	本次实验有哪些收获？产品的关键控制点和容易出现的问题有哪些
提示	

工作考核单

学习项目	小麦粉加工技术		工作任务		小麦粉加工	
班级			组别		（组长）姓名	
序号	考核内容	考核标准	分数	权重		
				自评	组评	教师评
				30%	30%	40%
1	学习态度	积极主动，实事求是，团队协作，律己守纪				
2	组织纪律	上课考勤情况				
3	任务领会与计划	理解生产任务目标要求，能查阅相关资料，能制订生产方案				
4	任务实施	能根据生产任务单和作业指导书实施生产步骤，完成任务				
5	项目验收	依据相关技术资料对完成的工作任务进行评价				
6	工作评价与反馈	针对任务的完成情况进行合理分析，对存在问题展开讨论，提出修改意见				

续表

序号	考核内容	考核标准	分数	权重		
				自评	组评	教师评
				30%	30%	40%
合计						

评语	
	指导老师签字_____

任务二 生干面制品加工

学习目标

【素质目标】

了解近几年生干面制品行业发展概况

【知识目标】

1. 掌握生干面制品的加工特点
2. 掌握生干面制品加工的主要原辅料及其验收要求
3. 掌握生干面制品加工的主要工艺流程和关键工艺参数
4. 掌握生干面制品加工中的主要质量安全问题及防（预防）治（解决）方法
5. 掌握生干面制品的质量安全标准要求及其评价方法

【技能目标】

1. 能够根据标准要求进行生干面制品加工原辅料的验收
2. 能够根据原辅料特点和成分对加工工艺参数进行调整
3. 能够预防和解决生干面制品加工过程中的主要质量安全问题

任务资讯（任务案例）

生干面主要是挂面，挂面是我国的传统主食之一，是保证居民基本生活的刚需产品，是我国各类面条中产量最大、销售范围最广的品种。我国现代挂面产业经过四十多年的发展，目前已经处于相对成熟的发展阶段，机械自动化生产取代了早期的手工制作，并向智能化制造方向发展。随着人民生活水平的提高，人们对挂面的营养健康也越来越重视，挂面已成为快捷、营养、健康、美味兼顾的主食产品。

项目五　粮油产品加工

任务发布

新疆某挂面生产企业经常出现挂面酥条的问题。为避免出现挂面酥条，该企业在和面时应注意哪些要点？面条熟化的时间应该如何控制？压片工艺参数应如何设置？还应注意哪些操作要点？另外，该企业该如何验收挂面成品？

任务分析

依据《挂面》（GB/T 40636—2021），挂面是指以小麦粉为原料，以水、食用盐（或不添加）、碳酸钠（或不添加）为辅料，经过和面、压片、切条、悬挂干燥等工序加工而成的产品。

依据《挂面生产许可证审查细则》，实施食品生产许可证管理的挂面产品包括以小麦粉、荞麦粉、高粱粉、绿豆（或绿豆粉、绿豆浆）、大豆（或大豆粉、大豆浆）、蔬菜（或蔬菜粉、蔬菜汁）、鸡蛋（或蛋黄粉）等为原料，添加食盐、食用碱或面质改良剂，经机械加工或手工加工、烘干或晾晒制成的干面条。包括：普通挂面、花色挂面、手工面等。

生干面制品加工的场所环境、设备设施、工艺流程及人员制度等方面需符合食品生产许可的要求，获得相应品类的食品生产许可证。加工过程中要按照要求验收原料，注意关键控制环节的控制，重点监控容易出现质量安全问题的工艺和参数，根据标准对成品进行检验，确保产品质量安全。

任务实施

一、生产规范要求

（一）环境场所

环境场所应符合《食品安全国家标准　食品生产通用卫生规范》（GB 14881）等相关标准的要求；厂区周围无有毒、有害场所，无虫害大量孳生的潜在场所，远离污染源，环境整洁；生产加工场所周围地面应为硬质地面，道路铺设混凝土、沥青或者其他硬质材料，排水良好，地面无积水；厂房通风良好，设计合理，能满足生产流程的要求，有与生产相适应的原辅料库、生产车间、成品库；有与生产能力相适应的生产设备，设备设施按照生干面制品工艺流程合理布局，能满足生产工艺、卫生管理、设备维修的要求；门窗闭合严密，墙面、顶棚使用无毒、无味的防渗透材料建造，易于清洁；有合理的排水系统，排水系统入口安装带水封的地漏等装置，出口有适当措施防止污染及虫害侵入，排水畅通、便于清洁维护；厂区绿化与生产车间保持适当距离，生产区与生活区分开。

《挂面生产许可证审查细则》规定，生产企业用于挂面制品干燥的晾晒场四周应有有效的防蝇、防尘措施，无尘土飞扬及污染源，地面应用水泥或石板等坚硬材料铺砌，平坦，无积水，晾晒物不得直接接触地面。

（二）设备设施

生产企业应配备与生产能力相适应的生产设备，并按工艺流程有序排列，避免引起交叉

13

污染；必备的生产和检验设备、设施的数量、布局需要符合审查细则和所执行标准规定的要求，并建立和落实设备设施维护保养制度。

依据《挂面生产许可证审查细则》，普通挂面生产设备一般包括调粉设备（如调粉机、和面机等设备）、熟化装置、压延机、干燥设施、切断机、计量设备、包装设施（工作台或包装机）等。花色挂面除上述设备外，还应具备相应的原辅料处理设备。手工面可以不要求压延机，拉吊工序必须手工完成。

二、原辅材料要求

企业生产挂面的原辅料必须符合相应的国家标准、行业标准及有关规定。如使用的原辅材料为实施生产许可证管理的产品，则必须选用获得生产许可证企业生产的产品。如挂面配有调料包的，应对调料包进行验证。

（一）小麦粉品种及其成分

根据国家标准《小麦粉》（GB/T 1355—2021）的规定，小麦粉按加工精度和灰分分类指标，分为精制粉、标准粉、普通粉三类。根据《小麦品种品质分类》（GB/T 17320—2013）的规定，小麦分为强筋小麦、中强筋小麦、中筋小麦和弱筋小麦。

根据《中国食物成分表》（2018年版），小麦粉的主要成分见表1。

表1 小麦粉一般营养素成分表（以每100g可食部计）

食物成分名称	食物名称	
	小麦粉（代表值）[1]	小麦粉（标准粉）
水分/g	11.2	9.9
能量/kJ	1512	1531
蛋白质/g	12.4	15.7
脂肪/g	1.7	2.5
碳水化合物/g	74.1	70.9
不溶性膳食纤维/g	0.8	—[2]
胆固醇/mg	0	0
灰分/g	0.7	1.0
总维生素 A/μg RAE	0	0
胡萝卜素/μg	0	0
视黄醇/μg	0	0
维生素 B_1/mg	0.20	0.46
维生素 B_2/mg	0.06	0.05
烟酸/mg	1.57	1.91
维生素 C/mg	0	0
维生素 E/mg	0.66	0.32
钙/mg	28	31
磷/mg	136	167
钾/mg	185	190
钠/mg	14.1	3.1
镁/mg	53	50

续表

食物成分名称	食物名称	
	小麦粉（代表值）[1]	小麦粉（标准粉）
铁/mg	1.4	0.6
锌/mg	0.69	0.20
硒/μg	7.10	7.42
铜/mg	0.23	0.06
锰/mg	0.37	0.10

注：1. 代表值是指当来自不同地区的同一种食物有多个的时候，为了便于使用，《中国食物成分表》（2018年版）对不同产区或不同品种的多条同个食物营养素含量计算了"x"代表值。

2. 符号"—"，表示未检测，理论上食物中应该存在一定量的该种成分，但未实际检测。

（二）小麦粉的验收要求

原辅料应符合相应的食品标准和有关规定，其中，食品安全国家标准是强制执行的标准。小麦粉应符合《食品安全国家标准　粮食》（GB 2715）的基本要求以及相应原粮的质量标准，不得使用陈化粮；小麦粉应具有正常粮食的色泽、气味，安全指标符合相关的食品安全国家标准，如污染物限量应符合 GB 2762 的规定，真菌毒素限量应符合 GB 2761 的规定，农药残留量应符合 GB 2763 的规定。除强制性的国家标准外，小麦粉还可执行推荐性的国家标准，如《小麦粉》（GB/T 1355）、《高筋小麦粉》（GB/T 8607）、《低筋小麦粉》（GB/T 8608）、《营养强化小麦粉》（GB/T 21122）等，各标准对于小麦粉的质量要求不尽相同。

（三）加工用水要求

食品加工用水的水质需符合《生活饮用水卫生标准》（GB 5749）的规定；生活饮用水水质应符合下列基本要求：生活饮用水中不应含有病原微生物；生活饮用水中化学物质不应危害人体健康；生活饮用水中放射性物质不应危害人体健康；生活饮用水的感官性状良好；生活饮用水应经消毒处理。食品加工用水与其他不与食品接触的用水（如间接冷却水、污水或废水等）应以完全分离的管道运输，避免交叉污染。

水是挂面生产中的重要原料，水质的好坏会直接影响面条的质量。水的硬度过高，和面时小麦粉吸水慢，和面时间长，和面效果差；同时，会降低面筋的弹性和延伸性等。可根据小麦粉品质、成品要求及工艺设备等情况确定制面用水的硬度，能更好地保证产品的质量。

三、加工工艺操作

依据《挂面生产许可证审查细则》，挂面的工艺流程一般包括调粉、熟化、压延、切条、干燥、截断、称量、包装等。

1. 挂面工艺流程

原辅料预处理→和面→熟化→压片→切条→湿切面→干燥→切断→计量→包装→检验→成品挂面。

2. 操作要点

（1）和面：和面操作要求"四定"，即面粉、食盐、回机面头和其他辅料要按比例定量添加；加水量应根据面粉的湿面筋含量确定，一般为 25%~32%，面团含水量不低于 31%；

加水温度宜控制在30℃左右；和面时间15min，冬季宜长，夏季较短。和面结束时，面团呈松散的小颗粒状，手握可成团，轻轻揉搓能松散复原，且断面有层次感。

（2）熟化：采用圆盘式熟化机或卧式单轴熟化机对面团进行熟化、贮料和分料，时间一般为10~15min，要求面团的温度、水分不能与和面后相差过大。

（3）压片：一般采用复合压延和异径辊轧的方式进行，技术参数如下：初压面片厚度通常不低于4~5mm，复合前相加厚度为8~10mm，末道面片为1mm以下，以保证压延倍数为8~10倍，使面片紧实、光洁。为保证面条的质量和产量，末道轧辊的线速以30~35m/min为宜。轧片道数以6~7道为好，各道轧辊较理想的压延比依次为50%、40%、30%、25%、15%和10%。合理的压片方法是异径辊轧，其辊径安排为复合阶段，ϕ240mm、ϕ240mm、ϕ300mm；压延阶段，ϕ240mm、ϕ180mm、ϕ150mm、ϕ120mm、ϕ90mm。

（4）切条：切条成型由面刀完成，面刀的加工精度和安装使用往往与面条出现毛刺、疙瘩、扭曲、并条及宽、厚不一致等缺陷有关。面刀有整体式和组合式，形状多为方形，基本规格分为1.0mm、1.5mm、2.0mm、3.0mm、6.0mm 5种。

（5）干燥：挂面干燥工艺一般分为3类，即高温快速干燥法、低温慢速干燥法和中温中速干燥法。高温快速干燥法的最高干燥温度为50℃左右，距离为25~30m，时间为2~2.5h。低温慢速干燥法的最高干燥温度不超过35℃，距离为400m左右，时间长达7~8h。中温中速干燥法适于多排直行和单排回行烘干房使用，前者运行长度宜在40~50m，后者回行长度宜在200m左右，烘干时间均大约4h。中温中速法干燥法的技术参数见表2。

表2 中温中速法干燥法的技术参数

干燥阶段	温度/℃	湿度/%	风速/（m·s^{-1}）	占总干燥时间/%
预干燥	25~35	80~85	1.0~1.2	15~20
主干燥	35~45	75~80	1.5~1.8	40~60
完成干燥	20~25	55~65	0.8~0.1	20~25

（6）切断：一般采用圆盘式切面机和往复式切刀。前者传动系统简单，生产效率高，但整齐度较差，断损较多；后者整齐度好、断损少、效率稍低、传动装置较复杂。

四、主要质量问题及防（预防）治（解决）方法

挂面容易出现的质量安全问题主要是食品添加剂超范围、超量使用和挂面酥条。

（1）食品添加剂超范围、超量使用。为了使挂面生产稳定，改善挂面品质、口感，延长货架期，提高挂面营养价值等，很多厂家或商家在生产挂面时会加入增稠剂（如黄原胶、瓜尔胶）、抗氧化剂（如维生素C）、色素（如植物炭黑、栀子黄、柑橘黄）和营养添加剂等食品添加剂。有些不法厂家或商家可能会在挂面中加入一些非法添加剂，如甲醛、吊白块、硼砂、苯甲酸钠等。挂面生产企业所使用的食品添加剂应严格遵守国家标准GB 2760《食品安全国家标准 食品添加剂使用标准》的规定，不得超量、超范围使用。

（2）挂面酥条。酥条是挂面生产中常见的问题。酥条的挂面表面出现横向或纵向裂纹，折断后截面呈不规则锯齿形，下锅后变成2~5cm的短条。在挂面生产行业中，挂面产生酥条的因素很多，如加水量、加盐量、水温、和面的均匀性、熟化时间、压片工艺、空气中的相

对湿度、烘干温度、烘干风速、烘干时间等。和面、压片、烘干是挂面生产的关键工序，一般情况下产生酥条等质量问题，大都是这三个环节出现问题。

和面工序是挂面生产的首要工序，其工艺技术参数及操作是否合理，对制面质量有显著的影响，和面效果不好是挂面酥条的隐患。良好的和面效果是面团水分在30%左右。保持面团水分均匀，色泽一致，不含生粉。和面加水量是影响面团工艺性能的核心问题，和面加水量一般在30%左右，主要通过定量装置进行添加。和面加水要一次完成，多次添加会造成面团吸水不均匀，从而造成酥条等质量问题。和面中添加适量食盐，不仅能提高面团的加工性能，同时能使挂面烘干过程中表面水分的蒸发速度降低，内部水分朝表面迁移的速度增加，这在一定程度上能够防止烘干过程中出现酥条。

压片的工艺要求是在把面团压成面带过程中，面带均衡不跑偏，面带完整不破损，面带厚度达到要求，使面筋质进一步形成细密的网络在面带中均匀分布。压薄率是影响压片效果的重要因素，也是产生产品质量问题的重要因素。合理的压薄率，是保证压片效果的重要参数。

烘干工序是挂面生产工艺中十分关键的工序，它对保证挂面正常的烹调性能起重要作用，操作不当，极易引起酥条，影响生产的正常运行。烘干的基本原理是分区段通过调节温度、湿度、风量等，使挂面在脱水过程中，尽量达到内外扩散速度一致，在达到脱水目的的同时，有效保证挂面的品质。

五、成品质量标准及评价

《挂面》（GB/T 40636—2021）规定了挂面的原料和辅料要求、感官要求、理化指标和检验方法和检验规则等。挂面的污染物限量应符合 GB 2762 的规定；食品添加剂使用限量应符合 GB 2760 的规定；食品营养强化剂使用限量应符合 GB 14880 的规定。依据上述规定，整理出挂面应符合的质量安全标准见表3。

表3 挂面质量安全指标

产品指标		指标要求	标准法规来源	检验方法
原料要求		小麦粉应符合 GB/T 1355 的规定 生产用水应符合 GB 5749 的规定 食用盐应符合 GB/T 5461 的规定		
感官要求	色泽	均匀一致	GB/T 40636	GB/T 40636
	气味	无酸味、霉味及其他异味		
	杂质	无正常视力可见的异物		
	口感	煮熟后在口中咀嚼不牙碜		
理化指标	水分含量	≤14.5%		GB 5009.3
	酸度	≤4.0mL/10g		GB 5009.239
	自然断条率	≤5.0%		GB/T 40636
	熟断条率	≤5.0%		
	烹调损失率	≤10.0%		
污染物限量	铅	≤0.2mg/kg（以 Pb 计）	GB 2762	GB 5009.12

实训工作任务单

学习项目	生干面制品加工技术	工作任务	挂面制作
时间		工作地点	
任务内容	面粉原料的处理，和面，面团熟化，压片，切条，干燥生产过程中存在的质量问题与解决方法		
工作目标	素质目标 了解近几年生干面制品行业发展概况 知识目标 1. 掌握生干面制品的加工特点 2. 掌握生干面制品加工的主要原辅料及其验收要求 3. 掌握生干面制品加工的主要工艺流程和关键工艺参数 4. 掌握生干面制品加工中的主要质量安全问题及防（预防）治（解决）方法 5. 掌握生干面制品的质量安全标准要求及其评价方法 技能目标 1. 能够根据标准要求进行生干面制品加工原辅料的验收 2. 能够根据原辅料特点和成分对加工工艺参数进行调整 3. 能够预防和解决生干面制品加工过程中的主要质量安全问题		
产品描述	请描述该产品的特点、感官性状、营养成分等		
实验设备	请列举本次实验使用的设备，并描述操作要点		
操作要点	请根据课程学习和实验操作填写挂面制作的工艺流程和操作要点		
成果提交	实训报告，挂面产品		
相关标准/验收标准	请根据课程学习和实验操作填写挂面的相关验收标准，包括指标名称、指标要求、检测方法、来源标准法规		
实验心得	本次实验有哪些收获？产品的关键控制点和容易出现的问题有哪些		
提示			

工作考核单

学习项目		生干面制品加工技术		工作任务	挂面制作		
班级			组别		（组长）姓名		
序号	考核内容	考核标准		分数	权重		
					自评	组评	教师评
					30%	30%	40%
1	学习态度	积极主动，实事求是，团队协作，律己守纪					
2	组织纪律	上课考勤情况					

续表

序号	考核内容	考核标准	分数	权重		
				自评	组评	教师评
				30%	30%	40%
3	任务领会与计划	理解生产任务目标要求，能查阅相关资料，能制订生产方案				
4	任务实施	能根据生产任务单和作业指导书实施生产步骤，完成任务				
5	项目验收	依据相关技术资料对完成的工作任务进行评价				
6	工作评价与反馈	针对任务的完成情况进行合理分析，对存在问题展开讨论，提出修改意见				
	合计					
评语						

指导老师签字＿＿＿＿＿＿＿＿

任务三　生湿面制品加工

学习目标

【素质目标】
了解近几年生湿面制品行业发展概况
【技能目标】
1. 能够根据标准要求进行生湿面制品加工原辅料的验收

19

2. 能够根据原辅料特点和成分对加工工艺参数进行调整
3. 能够预防和解决生湿面制品加工过程中的主要质量安全问题

【知识目标】

1. 掌握生湿面制品的加工特点
2. 掌握生湿面制品加工的主要原辅料及其验收要求
3. 掌握生湿面制品加工的主要工艺流程和关键工艺参数
4. 掌握生湿面制品加工中的主要质量安全问题及防（预防）治（解决）方法
5. 掌握生湿面制品的质量安全标准要求及其评价方法

 任务资讯（任务案例）

面制品是以面粉为原料，添加或不添加其他辅料加工而成的食品，包括挂面、馒头、面条、饺子皮等产品。面条作为传统的面制食品，在我国有着悠久的历史，其易于消化吸收，食用方便的特点，深受广大消费者喜爱。随着生活水平的不断提高，绿色、安全、健康、营养成为新的饮食消费观念，经过脱水干燥的传统的挂面、方便面等面制品含水量低、货架期长、食用方便，但风味、质地、营养价值却大大降低，已无法满足消费者对口感和营养的需求，更健康、更美味的"第四代方便面"——生湿面制品，在此背景下应运而生。生湿面未经风干、油炸等工艺处理，含水量较多，面筋形成充分，面条的耐煮性和筋性较强，口感好，保持了面条原始的香味和营养价值，爽口，有嚼劲，受到消费者的喜爱。

 任务发布

某企业新上生湿面制品生产线，生产生湿面条制品。公司采购部门采购一批小麦粉用于生产，能否直接使用？若否，请问小麦粉的验收要求是什么？原辅料验收合格后进入生产车间，湿面条的主要工艺流程有哪些？企业对库存的产品进行检查发现，产品的色泽不符合要求，请问可能是什么原因引起的？如何预防和改善？生湿面条成品的验收标准有哪些？

 任务分析

依据《食品生产许可分类目录》，生湿面制品属于"其他粮食加工品"中的"谷物粉类制成品"。

依据《其他粮食加工品生产许可证审查细则》，谷物粉类制成品是指以谷物碾磨粉为主要原料，添加（或不添加）辅料，按不同生产工艺加工制作未经熟制（或不完全熟制）的成型食品，如生切面、饺子皮、通心粉、米粉等。

依据《生湿面制品》（QB/T 5472—2020），生湿面制品是以小麦粉和（或）其他谷物粉、水为主要原料,添加或不添加辅料,经机制或手工按照不同生产工艺加工制成的各种形状的非即食面制品。

生湿面制品加工的场所环境、设备设施、工艺流程及人员制度等方面需符合食品生产许可的要求,获得相应品类的食品生产许可证。加工过程中要按照要求验收原料,注意关键环节的控制,重点监控容易出现质量安全问题的工艺和参数,根据标准对成品进行检验,确保产品质量安全。

任务实施

一、生产规范要求

（一）环境场所

环境场所应符合《食品安全国家标准 食品生产通用卫生规范》（GB 14881）等相关标准的要求；厂区周围无有毒、有害场所,无虫害大量孳生的潜在场所,远离污染源,环境整洁；生产加工场所周围地面应为硬质地面,道路铺设混凝土、沥青或者其他硬质材料,排水良好,地面无积水；厂房通风良好,设计合理,能满足生产流程的要求,有与生产相适应的原辅料库、生产车间、成品库；有与生产能力相适应的生产设备,设备设施按照生湿面制品工艺流程合理布局,能满足生产工艺、卫生管理、设备维修的要求；门窗闭合严密,墙面、顶棚使用无毒、无味的防渗透材料建造,易于清洁；有合理的排水系统,排水系统入口安装带水封的地漏等装置,出口有适当措施防止污染及虫害侵入,排水畅通、便于清洁维护；厂区绿化与生产车间保持适当距离,生产区与生活区分开。

（二）设备设施

生产企业应配备与生产能力相适应的生产设备,并按工艺流程有序排列,避免引起交叉污染；必备的生产和检验设备、设施的数量、布局需要符合审查细则和所执行标准规定的要求,并建立和落实设备设施维护保养制度。

生湿面制品生产设备一般包括和面设备、成型设备、包装设备、工器具的清洗消毒设施等；鼓励采用全自动设备,避免交叉污染和人员直接接触待包装食品。

二、原辅材料要求

（一）小麦粉品种及其成分

根据《小麦粉》（GB/T 1355—2021）的规定,小麦粉按加工精度和灰分为分类指标,可分为精制粉、标准粉、普通粉3类。根据《小麦品种品质分类》（GB/T 17320—2013）的规定,小麦分为强筋小麦、中强筋小麦、中筋小麦和弱筋小麦。强筋小麦胚乳为硬质,面筋含量较高,适用于制作面包或用于配麦；中强筋、中筋小麦胚乳为硬质,小麦粉筋力较强或适中,适用于制作面条、饺子、馒头等食品；弱筋小麦胚乳为软质,小麦粉筋力较弱,适用于制作蛋糕、饼干等食品。

根据《中国食物成分表》（2018年版）,小麦粉的主要成分见表1。

表1 小麦粉一般营养素成分表（以每100g可食部计）

食物成分名称	食物名称	
	小麦粉（代表值）[1]	小麦粉（标准粉）
水分/g	11.2	9.9
能量/kJ	1512	1531
蛋白质/g	12.4	15.7
脂肪/g	1.7	2.5
碳水化合物/g	74.1	70.9
不溶性膳食纤维/g	0.8	—[2]
胆固醇/mg	0	0
灰分/g	0.7	1.0
总维生素 A/μg RAE	0	0
胡萝卜素/μg	0	0
视黄醇/μg	0	0
维生素 B_1/mg	0.20	0.46
维生素 B_2/mg	0.06	0.05
烟酸/mg	1.57	1.91
维生素 C/mg	0	0
维生素 E/mg	0.66	0.32
钙/mg	28	31
磷/mg	136	167
钾/mg	185	190
钠/mg	14.1	3.1
镁/mg	53	50
铁/mg	1.4	0.6
锌/mg	0.69	0.20
硒/μg	7.10	7.42
铜/mg	0.23	0.06
锰/mg	0.37	0.10

注：1. 代表值是指当来自不同地区的同一种食物有多个的时候，为了便于使用，《中国食物成分表》（2018年版）对不同产区或不同品种的多条同个食物营养素含量计算了"x"代表值。

2. 符号"—"，表示未检测，理论上食物中应该存在一定量的该种成分，但未实际检测。

（二）小麦粉的验收要求

原辅料应符合相应的食品标准和有关规定，其中，食品安全标准是强制执行的标准。小麦粉应符合《食品安全国家标准 粮食》（GB 2715）的基本要求以及相应原粮的质量标准，不得使用陈化粮；小麦粉应具有正常粮食的色泽、气味，安全指标符合相关的食品安全国家标准，如污染物限量应符合 GB 2762 的规定，真菌毒素限量应符合 GB 2761 的规定，农药残留量应符合 GB 2763 的规定。除强制性的国家标准外，小麦粉还可执行推荐性的国家标准，如《小麦粉》（GB/T 1355）、《高筋小麦粉》（GB/T 8607）、《低筋小麦粉》（GB/T 8608）、《营养强化小麦粉》（GB/T 21122）等。

（三）加工用水要求

食品加工用水的水质需符合《生活饮用水卫生标准》（GB 5749）的规定；生活饮用水水质应符合下列基本要求：生活饮用水中不应含有病原微生物；生活饮用水中化学物质不应危害人体健康；生活饮用水中放射性物质不应危害人体健康；生活饮用水的感官性状良好；生活饮用水应经消毒处理。食品加工用水与其他不与食品接触的用水（如间接冷却水、污水或废水等）应以完全分离的管道运输，避免交叉污染。

水是生湿面条制品生产中的重要原料，水质的好坏会直接影响面条的质量。水的硬度过高，和面时小麦粉吸水慢，和面时间长，和面效果差；同时，会降低面筋的弹性和延伸性等。可根据小麦粉品质、成品要求及工艺设备等情况确定制面用水的硬度，能更好地保证产品的质量。

三、加工工艺操作

依据《其他粮食加工品生产许可证审查细则》，生湿面制品的工艺流程一般包括原辅料混合、和面、发酵（或不发酵）、成型及成品包装等。

1. 生湿面条的工艺流程

原辅料混合→和面→面团熟化→压延→切条→成型→包装。

2. 操作要点

（1）原辅材料的选用与配料：生湿面条生产使用的面粉为精制粉或标准粉。用筋力高的小麦粉制作，其加工性能好，湿面条的弹性和延伸性强，断条少，面条的质量好；反之，筋力低的小麦粉制面，易断条，其面条的质量稍差。但是小麦粉筋力过高，面条的弹性过强，收缩率高，也不适宜，因此，制作生湿面条最适宜的面粉是中筋面粉。配料时需根据产品配方称量，称量应符合 JJF 1070 的要求。

（2）和面：和面是整个生产过程中的一个重要环节，掌握得好坏直接影响产品的质量。和面操作要求"四定"，即面粉、食盐、食碱和其他辅料要按比例定量添加；面团中的加水量应根据不同质量的面粉进行调节，可根据面粉的湿面筋含量确定，在不影响压延成型的前提下，应尽量增加用水量，以使蛋白质充分吸水而形成高质量的面筋网络。一般加水量控制在 35%~40%，面团温度为 28~30℃，采用中速搅拌。调粉时间一般控制在 15~20min，冬季宜长，夏季较短。和面结束时，面团应呈松散的小颗粒状，手握可成团，轻轻揉搓能松散复原，且断面有层次感。

（3）熟化：熟化的目的是消除面团在搅拌过程中产生的内应力，使水分子最大限度地渗透到蛋白质胶体粒子的内部，进一步形成面筋的网络组织。同时，熟化对粉粒发挥调质作用，促进蛋白质和淀粉之间吸水自动调节，达到均质化，促使面团内部结构趋于稳定。熟化时间的长短关系到熟化的效果，熟化的时间越长，面筋网络形成得越好，要求面团的温度、水分不能与和面后相差过大。湿面一般控制在 30~40min，采用对面团进行静置熟化，生产实践证明,在面团复合之后进行第二次熟化,效果较明显。

(4) 压延:压延对产品的内在和外观质量以及后面工序的顺利进行都起着非常重要的作用,因此要求轧出的面片厚薄均匀、平整光滑、无破边洞孔、色泽均匀一致并具有一定的韧性和强度,为了保证轧片的效果,除了面团的工艺性能必须达到要求外,还要对压片机的各个工艺参数进行调整,如压延比、压轧道数、轧辊直径及转速等。

(5) 切条成型:切条成型由面刀完成,湿面条要求表面光滑,粗细一致,无粘连等。面刀的加工精度和安装使用不合理,面条易出现毛刺、疙瘩、扭曲、并条及宽、厚不一致等缺陷。需根据产品需要调整所需面刀类型和规格。

(6) 包装:根据要求定量包装,装袋时应尽量保持面块的完整性,注意产品的密封性。

四、主要质量问题及防(预防)治(解决)方法

生湿面条在生产、储藏及销售过程中经常会出现腐败、变色、变味等质量安全问题,以下对这些现象产生的原因进行分析,并介绍常用的解决方法。

(一) 生湿面条的褐变

生湿面条的褐变是指在储存销售过程中产品色泽变暗的现象,严重影响其感官品质和消费者的接受度。其中,小麦粉品质对于生湿面条的色泽及品质影响最为关键。小麦粉含有的酚类、酶类及蛋白质等成分可造成鲜湿面的褐变,例如,酚类物质经过氧化反应可能呈现较深的色泽;小麦粉中蛋白质含量高,淀粉含量相对减少,其灰分相应较高,麸星、麦胚也较多,生湿面条内部面筋网络结构紧密,影响对光的反射,也会使生湿面条色泽变暗;小麦粉的加工精度影响小麦粉品质,也影响生鲜湿面的色泽。因此,制作生湿面条尽可能选用低灰分含量、酶活性低的小麦粉,同时控制蛋白质的含量。

生产工艺及储存条件也对其褐变程度影响较大,生湿面条的含水量、含盐量都会影响面条的酶促褐变;储存环境中温度的升高,生湿面条的褐变程度逐渐升高,35~40℃时褐变程度最严重。在生湿面条加工方面,尽可能减少加水量,改善加工工艺等,可能降低生湿面条褐变的程度。

(二) 生湿面条的腐败变质

生湿面条富含蛋白质、脂肪、维生素等,含水量高,为微生物的生长提供了适宜的环境,微生物的生长繁殖会引起面条腐败变质。食品中的水分活度可以影响食品中微生物的繁殖、代谢、抗性及生存,引起生湿面条腐败变质的主要是细菌和霉菌,其生长繁殖随着水分含量和水分活度的增加而增加;因此,水分含量是生湿面条加工中非常重要的工艺参数。温度也是影响食品变质反应的重要因素,温度升高,加快微生物的生长繁殖速度,控制产品的贮藏温度也至关重要。基于生湿面条产品含水量高的特点,选择合适的贮藏保鲜技术,可抑制微生物生长和延长保质期。

(三) 超量、超范围使用食品添加剂

生湿面制品因其水分含量高,易于微生物的生长,从而产品的保质期相对较短,部分防腐剂可以帮助延长产品的保质期,但是要注意规范使用。例如,脱氢乙酸及其钠盐作为一种广谱防腐剂,毒性较低,对霉菌和酵母菌的抑菌能力强,按标准规定的范围和使用量使用是安全可靠的;《食品安全国家标准 食品添加剂使用标准》(GB 2760)中规定,生湿面制品中不得使

用脱氢乙酸及其钠盐。食品添加剂的使用要严格按照 GB 2760 的规定，避免超量超范围使用。

五、成品质量标准及评价

《生湿面制品》（QB/T 5472—2020）规定了生湿面制品的感官要求、理化要求、污染物限量、真菌毒素限量、食品添加剂及营养强化剂使用限量等食品安全要求及其检测方法。其中规定，生湿面制品的污染物限量应符合 GB 2762 的规定；真菌毒素限量应符合 GB 2761 的规定；食品添加剂使用限量应符合 GB 2760 的规定；食品营养强化剂使用限量应符合 GB 14880 的规定。

依据上述规定，生湿面条成品应符合的质量安全标准如表 2 所示。

表 2　生湿面条质量安全指标

产品指标		指标要求	标准法规来源	检验方法
原料要求		应符合相关产品的国家标准或行业标准的规定		
感官要求	色泽	均匀白色或与添加的原辅料相对应的颜色，均匀一致	QB/T 5472	QB/T 5472
	气味	具有该产品应有的气味，无异味		
	杂质	无正常视力可见外来异物		
理化指标	水分	15~45（g/100g）		GB 5009.3
	酸度	≤ 2.0°T		GB 5009.239
	净含量	按《定量包装商品计量监督管理办法》执行		JJF1070
污染物限量	铅	≤0.2mg/kg（以 Pb 计）	GB 2762	GB 5009.12
	锡	≤250mg/kg（以 Sn 计。仅适用于采用镀锡薄板容器包装的食品）		GB 5009.16

实训工作任务单

学习项目	生湿面制品加工技术	工作任务	生湿面条制作
时间		工作地点	
任务内容	面粉原料的处理，面团熟化，切条成型，生产过程中存在的质量问题与解决方法		
工作目标	素质目标 了解近几年生湿面制品行业发展概况 技能目标 1. 能够根据标准要求进行生湿面制品加工原辅料的验收 2. 能够根据原料特点和成分对加工工艺参数进行调整 3. 能够预防和解决生湿面制品加工过程中的主要质量安全问题 知识目标 1. 掌握生湿面制品的加工特点 2. 掌握生湿面制品加工的主要原辅料及其验收要求 3. 掌握生湿面制品加工的主要工艺流程和关键工艺参数 4. 掌握生湿面制品加工中的主要质量安全问题及防（预防）治（解决）方法 5. 掌握生湿面制品的质量安全标准要求及其评价方法		

续表

产品描述	请描述该产品的特点、感官性状、营养成分等
实验设备	请列举本次实验使用的设备,并描述操作要点
操作要点	请根据课程学习和实验操作填写生湿面条制作的工艺流程和操作要点
成果提交	实训报告,生湿面条产品
相关标准/验收标准	请根据课程学习和实验操作填写生湿面条的相关验收标准,包括指标名称、指标要求、检测方法、来源标准法规
实验心得	本次实验有哪些收获?产品的关键控制点和容易出现的问题有哪些
提示	

工作考核单

学习项目	生湿面制品加工技术		工作任务		生湿面条制作	
班级			组别		(组长)姓名	

序号	考核内容	考核标准	分数	权重		
				自评 30%	组评 30%	教师评 40%
1	学习态度	积极主动,实事求是,团队协作,律己守纪				
2	组织纪律	上课考勤情况				
3	任务领会与计划	理解生产任务目标要求,能查阅相关资料,能制订生产方案				
4	任务实施	能根据生产任务单和作业指导书实施生产步骤,完成任务				
5	项目验收	依据相关技术资料对完成的工作任务进行评价				
6	工作评价与反馈	针对任务的完成情况进行合理分析,对存在问题展开讨论,提出修改意见				
	合计					
评语						

指导老师签字_____

任务四　稻谷加工

学习目标

【素质目标】
了解稻谷加工行业近几年基本情况
【技能目标】
1. 能够根据标准要求进行稻谷加工原料的验收
2. 能够根据稻谷的原料特点和成分对加工工艺参数进行调整
3. 能够预防和解决稻谷加工过程中的主要质量安全问题
【知识目标】
1. 掌握常见稻谷加工用原料的主要理化成分和加工特点
2. 掌握稻谷加工的主要原辅料及其验收要求
3. 掌握典型稻谷加工的主要工艺流程和关键工艺参数
4. 掌握稻谷加工中的主要质量安全问题及防（预防）治（解决）方法
5. 掌握稻谷加工后的大米成品的质量安全标准要求及其评价方法

任务资讯（任务案例）

粮食安全事关民生大事，从中央到地方都将其作为一项重要战略来部署。稻谷质量安全是"三农"工作的重点工作内容之一。

《新疆维吾尔自治区国民经济和社会发展第十四个五年规划和 2035 年远景目标纲要》中明确要坚决扛起粮食安全的政治责任，实行党政同责，以保障小麦安全为前提，抓好粮食生产、确保粮食安全。坚持粮食生产"疆内平衡、略有结余"方针，深入实施藏粮于地、藏粮于技战略，全面落实永久性基本农田保护制度，推进土地规模化、集约化经营，巩固提升 3410 万亩粮食生产功能区"建管护"水平，稳定"三盆地一河谷"主产区粮食生产，重点支持产粮大县加强农田基本建设，增加优质粮食供给。"十四五"末，全区永久基本农田保持在 4100 万亩以上，粮食综合生产能力达到 1600 万吨以上。

2022 年 5 月，新疆维吾尔自治区人民政府办公厅发布《关于印发新疆维吾尔自治区"十四五"粮食产业高质量发展规划的通知》，提出要压实稳定粮食生产责任，稳步提高粮食综合生产能力，2021 年全区粮食种植面积 3557 万亩，粮食产量 1736 万吨。规划还提出要稳步开展稻谷就地近加工，积极发展有机大米、胚芽米、糙米等绿色优质产品。优化粮食加工空间布局，在伊犁州、阿克苏地区布局稻谷加工，发展具有新疆特色的优质富硒稻米产品。

任务发布

新疆有很多米粉店，新疆米粉很有地方特色，生产米粉需要使用大量的大米原料，而生产大米的最初原料是稻谷。基于此，一新疆企业计划进行稻谷加工，生产出的大米成品供应给米粉企业。请问稻谷的验收要求是什么？稻谷加工的主要工艺流程有哪些？生产过程卫生控制要符合哪些要求？该企业在产品生产过程中可能面临哪些质量安全问题？如何预防和改善？产品成品的验收标准分别有哪些？

 任务分析

依据《稻谷》（GB 1350—2009），稻谷分为早籼稻谷、晚籼稻谷、粳稻谷、籼糯稻谷、粳糯稻谷五类。粳稻谷是稻谷的其中一类。

要进行粳稻谷的加工，需要按照《食品生产许可管理办法》《大米生产许可证审查细则》等食品生产许可的规定，具备环境场所、设备设施、人员制度等方面的条件，获得相应品类的食品生产许可证，才能开展生产工作。在加工方面，首先，需要了解生产所用原料的主要品种，以及各个品种的主要理化成分和加工特点，根据标准要求验收采购原料；其次，要按照基本工艺流程和参数开展生产加工，在加工过程中要利用各种技术手段预防或解决各类产品质量安全问题，确保产品质量安全；最后，要根据成品标准对成品进行检验。

 任务实施

一、生产规范要求

（一）环境场所

良好的卫生环境是生产安全食品的基础，稻谷加工企业的环境场所应符合《大米生产许可证审查细则》和《食品安全国家标准　谷物加工卫生规范》（GB 13122）的相关要求，厂区及邻近车间的区域应保持清洁。厂区内道路、地面养护良好，无破损，防止扬尘和积水现象的发生。保持厂区内环境整洁，禁止堆放杂物及不必要的器材，以防止有害生物孳生。临近车间区域不得种植易产生花粉的植物。用于堆放、晾晒谷物、半成品、成品的地面不得铺设含有沥青等有害物质的材料。

此外，还应符合《食品安全国家标准　食品生产通用卫生规范》（GB 14881）的通用要求。

（二）设备设施

根据《大米生产许可证审查细则》，生产企业必须具备的设备如下：筛选清理设备（溜筛、振动筛、高速除稗筛等）；比重去石机；磁选设备（磁栏、永磁滚筒等）；砻谷机；碾米机；米筛（白米溜筛、平面回转筛等）；包装设备；其他必要的辅助设备（斗式提升机等）。

此外，根据 GB 13122 标准规定，仓库应配备粮温、库温等粮情监测、通风等温湿度调控和防控虫害、鼠害、鸟类等保证粮食安全储存的设备。外溢粉尘的部位应安装粉尘控制装置。

生产设施应符合 GB 14881 标准的通用规定。

二、原辅材料要求

（一）原料品种

稻谷加工的主要原料是稻谷。稻谷包括普通稻谷、优质稻谷、富硒稻谷等。

（二）原料验收要求

依据《稻谷》（GB 1350—2009），食用稻谷除了应符合该标准的规定外，还应符合《食品安全国家标准　粮食》（GB 2715）的规定，其中明确规定谷物的污染物限量应符合《食品安全国家标准　食品中污染物限量》（GB 2762）的规定，真菌毒素的限量应符合《食品安全国家标准　食品中真菌毒素限量》（GB 2761），农药最大残留限量应符合《食品安全国家标准　食品中农药最大残留限量》（GB 2763）的规定。此外，对于放射性物质限制浓度，还应符合《食品中放射性物质限制浓度标准》（GB 14882—1994）的规定。

三、加工工艺操作

（一）工艺流程

根据《大米生产许可证审查细则》，稻谷加工为大米的基本工艺流程如下：

稻谷→筛选→去石→磁选→砻谷→谷糙分离→碾米→成品包装。

（二）操作要点

（1）筛选：按稻谷与杂质的粒度和形状的不同进行分级，除去稻谷中易于清理的大、小、轻杂和大部分灰尘。

（2）去石：主要是清除稻谷中所含的并肩石。并肩石是一种粒度大小和悬浮速度都与稻谷相近的无机杂质，因此筛选时很难将其去除。由于并肩石与稻谷密度相差很大，因此可选用密度分选法将其分离。

（3）磁选：让稻谷流过永久磁钢或电磁铁表面，然后分离出稻谷中的磁性杂质。避免铁磁性杂质对加工设备造成不必要的伤害，因此应尽快清除。磁选一般安排在筛选工序之后，前面的筛选工序可清除一部分铁磁性杂质，减轻磁选设备的负担。

（4）砻谷：利用物理外力脱去稻谷颖壳。稻谷经砻谷后，砻下物为稻谷、糙米和谷壳的混合物。

（5）谷糙分离：根据稻谷与糙米在比重和粒度上的差异进行分离，谷糙混合物利用双向倾斜、往复运动的分离板作用，逐渐产生自动分级，比重大而粒度小的糙米下沉，从分离板的上方流出；比重小而粒度大的稻谷则浮于糙米上层，从分离板的下方流出；分离出的稻谷再次进入砻谷机脱壳，糙米则进入碾米工序。

（6）碾米：脱去糙米皮层，提高成品米的口感、色泽和气味，在保证成品米精度等级的前提下，减少碎米，提高出米率。

（7）成品包装：一般以小包装为主，采用真空包装可有效地延长储存时间和保持大米的新鲜度。根据GB/T 1354规定，包装应符合《粮食销售包装》（GB/T 17109）的规定和食品安全要求，若采用包装袋，则包装袋应坚固结实，封口或者缝口应严密。

四、主要质量问题及防（预防）治（解决）方法

稻谷在生产、储藏及销售过程中经常会出现原料霉变、黄粒米超标、碎米超标等质量安

全问题，以下对这些现象产生的原因进行分析，并介绍常用的解决方法。

（一）原料霉变问题

受外界高温高湿环境条件、含水量等因素的影响，稻谷在储藏过程中易发生发热霉变的现象。此外，运输过程处理不当也可能造成稻谷霉变。

解决办法是做好稻谷的仓储过程质量控制。主要是防潮、防雨、防高温、防虫，防止稻谷自热变质和异物混入。夏季温差大时尽量保持白天不开窗通风，晚上温度低再开窗。稻谷储存要求稻谷烘干的均匀度一致，库存时库房内外温度不能过大，仓库应有温度、湿度检测和记录。原料仓库应设专人管理，建立管理制度，定期（至少每周1次）检查质量和卫生情况，及时清理变质的原料，仓库出货顺序应遵循先进先出的原则。稻谷应储存在清洁、干燥、防雨、防潮、防虫、防鼠、无异味的仓库内，不应与有毒有害物质或水分较高的物质混存。运输工具和容器应保持清洁，维护良好，必要时进行消毒，应使用符合卫生要求的运输工具和容器运送，运输过程中应注意防止雨淋和被污染。

（二）黄粒米超标

如精制米加工工序中缺少色选工序，可能导致大米中的黄粒米等异色粒无法被挑选出来，使黄粒米超标。

对于有色选工序的稻谷加工，如果大米水分高、粉尘含量密集、通道内结块严重、米粒流动受阻、米粒流速异常，分选室内粉尘浓度较高，也容易使电眼的识别能力降低，造成色选精度明显降低，影响大米品质。

色选可以去除白米中的异色粒、腹白粒和糯米粒，是生产精制米的一道重要工序。大米色选的目的是将成品大米中的异色粒（如黄粒米、霉变米等）挑选出来，提高大米的纯度，提升大米的商品价值。色选机采用光电技术，利用异色粒与白米反光率的差异，将异色粒剔除，从而保证成品的质量。

（三）碎米超标

稻谷品质与其水分含量有很大关系。稻谷的最佳加工水分为13%~15%，当稻谷的水分偏高时，稻谷的流动性差，增加了清理和谷糙分离的难度，降低了脱壳效率；当稻谷的水分偏低时，虽有利于脱壳，但因水分过低，其皮层与胚乳结合紧密，碾米困难，若碾米机施加压力小则稻谷皮层不易脱落，若碾米机施加压力大则碎米增多。

所以在稻谷加工前对其进行水分调质处理十分重要。大米加工中的调质处理会使糙米更有利于碾米工序，糙米经过20~40min的调质处理，糙米表皮的米糠和大米由于吸水速度和膨胀系数不同，在吸水后发生微小的位移有利于"碾米"工序的操作，更有利于碾米的层层精碾。

碾米机碾制的白米混有一些糠粉、碎米和部分异色粒米（如黄粒米、霉变米等），它们影响成品大米的品质，必须将它们除去，以确保成品大米质量。因此，对白米进一步加工非常重要。白米分级的目的主要是根据成品的质量要求，将超过标准的碎米分离出来，同时将少量糠粉、米牺除去，以保证成品大米的质量，白米分级常用的设备是白米分级筛。

五、成品质量标准及评价

稻谷加工出的成品为大米，《大米》（GB/T 1354—2018）规定了大米的术语和定义、产品分类、原辅料等技术要求以及标签的要求。

依据该标准及有关食品安全标准，以稻谷加工出的一级粳米为例，整理出一级粳米应符合的质量安全指标如表1所示。

表1 一级粳米质量安全指标

产品指标		指标要求	标准法规来源	检验方法
感官要求	色泽、气味	具有正常粮食的色泽、气味	GB 2715	GB/T 5492
质量指标	色泽、气味	正常	GB/T 1354	
感官要求	霉变粒	≤2.0%	GB 2715	GB 2715
	麦角	不得检出		
理化指标	碎米总量	≤10.0%	GB/T 1354	GB/T 1354
	碎米中：小碎米含量	≤1.0%		
	加工精度	精碾		
	不完善粒含量	≤3.0%		GB/T 5494
	水分含量	≤15.5%		GB 5009.3
	杂质总量	≤0.25%		GB/T 5494
	杂质中：无机杂质含量	≤0.02%		
	黄粒米含量	≤1.0%		GB/T 5496 或 GB/T 35881
	互混率	≤5.0%		GB/T 5493
	卫生要求	按食品安全标准和法律法规要求规定执行。植物检疫按有关标准和国家有关规定执行		
	净含量	应符合《定量包装商品计量监督管理办法》的规定，为产品最大允许水分状况下的质量		JJF 1070
真菌毒素限量	黄曲霉毒素 B1	≤10μg/kg	GB 2761	GB 5009.22
	赭曲霉毒素 A	≤5.0μg/kg		GB 5009.96
污染物限量	总汞	≤0.02mg/kg（以 Hg 计）	GB 2762	GB 5009.17
	镉	≤0.2mg/kg（以 Cd 计）		GB 5009.15
	苯并[a]芘	≤5.0μg/kg		GB 5009.27
	无机砷	≤0.2mg/kg（以 As 计。对于制定无机砷限量的食品可先测定其总砷，当总砷水平不超过无机砷限量值时，不必测定无机砷；否则，需再测定无机砷）		GB 5009.11
	铬	≤1.0mg/kg（以 Cr 计）		GB 5009.123
	铅	≤0.2mg/kg（以 Pb 计）		GB 5009.12
	锡	≤250mg/kg（以 Sn 计。仅适用于采用镀锡薄板容器包装的食品）		GB 5009.16

续表

产品指标		指标要求	标准法规来源	检验方法
放射性指标	^{3}H	$\leq 2.1\times10^5$ Bq/kg	GB 14882	
	^{89}Sr	$\leq 1.2\times10^3$ Bq/kg		
	^{90}Sr	$\leq 9.6\times10^1$ Bq/kg		
	^{133}I	$\leq 1.9\times10^2$ Bq/kg		
	^{137}Cs	$\leq 2.6\times10^2$ Bq/kg		
	^{147}Pm	$\leq 1.0\times10^4$ Bq/kg		
	^{239}Pu	≤ 3.4 Bq/kg		
	^{210}Po	≤ 6.4 Bq/kg		
	^{226}Ra	$\leq 1.4\times10$ Bq/kg		
	^{223}Ra	≤ 6.9 Bq/kg		
	天然钍	≤ 1.2 mg/kg		
	天然铀	≤ 1.9 mg/kg		

实训工作任务单

学习项目	稻谷加工技术	工作任务	大米制作
时间		工作地点	
任务内容	稻谷原料的处理，砻谷操作，谷糙分离的操作，碾米操作，大米生产过程中存在的质量问题与解决方法		
工作目标	素质目标 了解稻谷加工行业近几年基本情况 技能目标 1. 能够根据标准要求进行稻谷加工原料的验收 2. 能够根据稻谷的原料特点和成分对加工工艺参数进行调整 3. 能够预防和解决稻谷加工过程中的主要质量安全问题 知识目标 1. 掌握常见稻谷加工用原料的主要理化成分和加工特点 2. 掌握稻谷加工的主要原辅料及其验收要求 3. 掌握典型稻谷加工的主要工艺流程和关键工艺参数 4. 掌握稻谷加工中的主要质量安全问题及防（预防）治（解决）方法 5. 掌握稻谷加工后的大米成品的质量安全标准要求及其评价方法		

续表

产品描述	请描述该产品的特点、感官性状、营养成分等
实验设备	请列举本次实验使用的设备，并描述操作要点
操作要点	请根据课程学习和实验操作填写稻谷加工的工艺流程和操作要点
成果提交	实训报告，大米产品
相关标准/验收标准	请根据课程学习和实验操作填写大米的相关验收标准，包括指标名称、指标要求、检测方法、来源标准法规
实验心得	本次实验有哪些收获？产品的关键控制点和容易出现的问题有哪些
提示	

工作考核单

学习项目		稻谷加工技术		工作任务		大米制作	
班级			组别		（组长）姓名		
序号	考核内容	考核标准	分数	权重			
				自评 30%	组评 30%	教师评 40%	
1	学习态度	积极主动，实事求是，团队协作，律己守纪					
2	组织纪律	上课考勤情况					
3	任务领会与计划	理解生产任务目标要求，能查阅相关资料，能制订生产方案					
4	任务实施	能根据生产任务单和作业指导书实施生产步骤，完成任务					
5	项目验收	依据相关技术资料对完成的工作任务进行评价					
6	工作评价与反馈	针对任务的完成情况进行合理分析，对存在问题展开讨论，提出修改意见					
	合计						
评语							

指导老师签字_____

任务五　米粉加工

学习目标

【素质目标】
了解中国米粉加工行业近几年基本情况

【技能目标】
1. 能够根据标准要求进行米粉加工原辅料的验收
2. 能够根据原辅料特点和成分对米粉加工工艺参数进行调整
3. 能够预防和解决米粉加工过程中的主要质量安全问题

【知识目标】
1. 掌握常见加工米粉用各类原料的主要理化成分和加工特点
2. 掌握米粉加工的主要原辅料及其验收要求
3. 掌握典型米粉加工的主要工艺流程和关键工艺参数
4. 掌握米粉加工中的主要质量安全问题及防（预防）治（解决）方法
5. 掌握米粉成品的质量安全标准要求及其评价方法

任务资讯（任务案例）

米粉的生产地域极广，遍布江南城乡，特别是江西、广东、广西、浙江、福建、湖南等地区，凡有水稻生产的地方，几乎都有米粉的生产。米粉行业目前已经进入了发展快车道，消费群体不断扩大，米粉产业有了突飞猛进的发展，现代化米粉企业应运而生，大大提高了米粉的工业化进程、产品品质和供给数量。随着经济的发展、社会的进步、文化的交流，米粉在海外的发展也呈逐年上升的趋势。

任务发布

米粉有着悠久的生产历史，口感好，煮食方便，深受人们的喜爱。鉴于此，新疆一企业十分看好米粉行业前景，准备从事米粉加工，主要生产干米粉产品，不仅可以供应给各个餐饮店，还可以进行线上销售。请问该企业生产该产品的原辅料验收要求有哪些？主要工艺流程有哪些？生产过程卫生控制要符合哪些要求？该企业生产过程中可能面临哪些质量安全问题？如何预防和改善？该企业成品的验收标准有哪些？

任务分析

根据《其他粮食加工品生产许可证审查细则》，其他粮食加工品的申证单元为3个：谷物加工品；谷物碾磨加工品；谷物粉类制成品。其中，谷物粉类制成品是指以谷物碾磨粉为主要原料，添加（或不添加）辅料，按不同生产工艺加工制作未经熟制（或不完全熟制）的成型食品，如生切面、饺子皮、通心粉、米粉等。根据米粉所含水分含量的不同，一般将米粉分为干米粉、半干米粉和湿米粉三类。根据米粉的成型工艺分为切粉和榨粉。要进行干米粉的加工，需要按照食品生产许可的要求具备环境场所、设备设施、人员制度等方面的条件，获得其他粮食加工品生产许可证，才能开展生产工作。在干米粉的加工方面，首先，需要了解干米粉的主要生产原辅料，以及各个原辅料的主要成分和加工特点，根据标准要求验收采购原料；其次，要按照干米粉加工的基本工艺流程和参数进行加工，在加工过程中要利用各种技术手段预防或解决各类产品质量安全问题，确保产品质量安全；最后，根据成品标准对成品进行检验。

任务实施

一、生产规范要求

（一）环境场所

良好的卫生环境是生产安全食品的基础，米粉企业的生产环境应符合《食品安全国家标准 食品生产通用卫生规范》（GB 14881）等相关标准的要求，厂区选址应远离污染源，周围无虫害大量孳生的潜在场所，环境整洁。厂区布局合理，各功能区域划分明显，包括原辅料库、生产车间、检验室等；设计与布局合理，便于设备的安装、清洗、消毒等；道路硬化，铺设混凝土、沥青或者其他硬质材料；厂区绿化与生产车间保持适当距离，生活区及生产区分开。有合理的排水系统，污水处理设施等应当远离生产区域和主干道，并位于主风向的下风处，排放应符合相关规定。生产区建筑物与外源公路或道路应保持一定距离或封闭隔离，并设有防护措施。厂区内禁止饲养禽、畜。

（二）设备设施

《其他粮食加工品生产许可证审查细则》规定，米粉生产企业必须具备下列生产设备：清理设施、磨粉（浆）设备、蒸粉设备（米粉类制成品中有蒸粉工艺的）、成型设备、包装设备。

生产企业应配备与生产能力相适应的生产设备，并按工艺流程有序排列，避免引起交叉污染，建立和落实维护保养制度。

二、原辅材料要求

生产米粉常用原辅料包括大米、小麦淀粉、玉米淀粉等。使用的原辅材料为实施生产许可证管理的产品，必须选用获得生产许可证企业生产的产品。原辅材料应符合《食品安全国家标准 粮食》（GB 2715）的规定以及相应原粮的质量标准；粮食包装要符合《粮食销售包装》（GB/T 17109）的要求。米粉生产用原辅料标准包括《大米》（GB/T 1354—2018）、《米粉条用稻米》（LS/T 3266—2020）等。

根据《中国食物成分表》（2018年版），稻米的主要成分见表1。

表1 稻米一般营养素成分表（以每100g可食部计）

食物成分名称	食物名称
	稻米（代表值）[1]
水分/g	13.3
能量/kJ	346
蛋白质/g	7.9
脂肪/g	0.9
碳水化合物/g	77.2
不溶性膳食纤维/g	0.6
胆固醇/mg	0
灰分/g	0.7
总维生素 A/μg RAE	0
胡萝卜素/μg	0
视黄醇/μg	0
维生素 B_1/mg	0.15
维生素 B_2/mg	0.04
烟酸/mg	2.00
维生素 C/mg	0
维生素 E/mg	0.43
钙/mg	8
磷/mg	112
钾/mg	112
钠/mg	1.8
镁/mg	31
铁/mg	1.1
锌/mg	1.54
硒/μg	2.83
铜/mg	0.25
锰/mg	1.13

注：1. 代表值是指当来自不同地区的同一种食物有多个的时候，为了便于使用，《中国食物成分表》（2018年版）对不同产区或不同品种的多条同个食物营养素含量计算了"x"代表值。

三、加工工艺操作

1. 工艺流程

依据《其他粮食加工品生产许可证审查细则》，米粉类制成品的基本工艺流程一般包括：

清理、磨粉（浆）、发酵（或不发酵）、蒸粉（或不蒸粉）、成型、干燥（或不干燥）、成品包装等过程。

干米粉的一般工艺流程如下：原料处理→浸泡、粉碎→筛分→榨粉→回生→汽蒸→二次回生、梳条→干燥→切粉、包装→产品。

2. 操作要点

（1）原料处理：将原料进行清洗，除去米粒表面附着的糠粉和其他杂质。

（2）浸泡、粉碎：一般用清水浸泡18~24h，期间换水2~3次，使米粒充分吸水、膨胀。接着将充分吸胀的大米放入粉碎机粉碎，粉碎得越细越好。

（3）筛分：由于粉料中的含水量较大，达28%左右，可用振动筛等筛类来筛分。然后将粉料移入搅拌机中进行搅拌，最后要求手捏能成团，松开即散，含水量30%~32%为宜。

（4）榨粉：榨粉可分熟化和成型两个阶段。在熟化阶段，粉料在熟化筒内受螺旋的挤压、剪切、摩擦等作用，粉料被推送前进，并产生大量的热，粉料被加热，使淀粉料变软，同时发生一系列变化：淀粉被糊化，即α化，使大米粉料成为能够流动的凝胶。当熟化完成后粉料即进入挤丝阶段。在这阶段，淀粉凝胶在螺旋的作用下，通过不断地旋转推压，粉料受到强烈的摩擦作用，产生一定的热量使粉料进一步升温糊化，最后这些粉料由成型头的头部被挤出，成型头上开有许多小孔，米粉条的粗细和形状即由其控制，随后将挤出的粉丝挂于杆上。

（5）回生：将挤出的米粉丝移入时效房内静置一定时间，一般需要12~24h，回生的时间因环境温度、湿度的不同而异，以粉丝不粘手、不粘连、可松散、柔韧有弹性为度。

（6）汽蒸：汽蒸是在蒸柜中进行的，蒸制时间的长短，与蒸柜的额定工作压力、粉丝的粗细度及榨粉时的熟化程度有关，具体要根据实际情况来掌握。

（7）二次回生、梳条：汽蒸后还要进行第二次回生，这时，将蒸毕的粉丝挂在晾粉架上，保潮静置6~12h，使粉丝自然冷却、回生。晾置的时间长短，要使粉丝不粘手、易松散、柔韧有弹性。回生后的粉丝仍会有少量粘连、重叠、散乱等现象，因此需要梳条。梳条的方式是用水洗、梳理的方式处理粉丝，使粉丝条形整齐，不得有粘连和并条现象，以利于烘干。梳条时，先将粉条放入冷水中浸湿，再将其搓散，然后用一把特制的大梳子进行梳理，使每根粉条都相互不粘连、不交叉、不重叠。

（8）干燥：干燥是为了降低粉条中的含水量。干燥多采用烘干方式，烘干的设备很多，为了保证粉条质量，多采用索道式烘干设备。该设备分三段：预干燥段、主干燥段和完成干燥段。各区段的温度和湿度各不相同。预干燥段温度为20~25℃，湿度80%~85%；主干燥段温度为26~30℃，湿度85%~90%；完成干燥段温度为22~25℃，湿度70%~75%。总的烘干时间为6~7h，粉条的最终含水量为13%~14%。

（9）切粉、包装：干燥后的粉条很长，需要进行切断。用切粉机将粉条切成18~20cm长（切粉机多采用圆盘式切割机），然后放入周转箱中，送入包装间进行分拣包装。直条米粉要求外观均匀挺直、无弯粉、无并头、无杂质、无气泡，再分别定量称取后放入包装袋中。

四、主要质量问题及防（预防）治（解决）方法

米粉在生产、储藏及销售过程中经常会出现米粉发脆、断裂、微生物超标等质量安全问

题,以下对这些现象产生的原因进行分析,并介绍常用的解决方法。

(一)发脆、断裂

浸泡时间的长短直接影响产品质量,浸泡时间过长,粉碎时易结筛;浸泡时间过短,米粒过硬,不便于粉碎机的粉碎,挤出的粉条也易断条,因此应严格控制浸泡时间,一般冬天会长一些,夏天要短些。另外,浸泡用水应符合生活饮用水要求。

烘干是生产中的关键工序,但是温度不能过高,过高会使直条米粉容易弯曲,成型性差,而且产品容易发脆、断裂;温度过低,米粉不易烘干,使米粉水分得不到有效控制。因此需要控制好烘干温度。

(二)微生物超标

米粉微生物不合格原因主要有:原材料生产、储藏、运输的卫生环境条件把控不严;未严格按照生产工艺条件要求进行生产,加工卫生环境差,生产工具清洁不彻底,设备清洗消毒不完善,人员卫生管理不到位;产品在生产、流通和销售环节中贮藏条件不达标。

为防止米粉的微生物超标问题,米粉生产企业应按照《食品安全国家标准 食品生产通用卫生规范》(GB 14881)规定,根据产品特点确定关键控制环节进行微生物监控;建立食品加工过程的微生物监控程序,包括生产环境的微生物监控和过程产品的微生物监控。米粉加工过程的微生物监控程序应包括:微生物监控指标、取样点、监控频率、取样和检测方法、评判原则和整改措施等。

五、成品质量标准及评价

米粉目前尚无专门的食品安全标准,大部分企业采用企业标准和地方标准,其中涉及食品安全的指标应符合食品安全通用标准的要求,主要是铅的指标应符合 GB 2762 的要求。

因此,以米粉类别中的干米粉为例,参照部分地方标准和企业标准,整理出干米粉成品应符合的质量安全指标如表 2 所示。

表 2 干米粉质量安全指标

产品指标		指标要求	标准法规来源	检验方法
感官要求	色泽	具有产品固有的色泽,均匀一致,无霉斑	企业标准	取适量样品于清洁的白瓷盘中,用目视法检查色泽、组织形态和杂质,用鼻嗅法检查气味,按食用方法煮熟后品尝滋味
	气味、滋味	具有产品固有的气味、滋味,无霉味及其他异味		
	组织形态	基本均匀一致,表面平滑		
	杂质	无正常视力可见杂质		
理化指标	水分	≤14g/100g		GB 5009.3
	酸度	≤1.2°T		GB 5009.239
	铅	≤0.2mg/kg(以 Pb 计)	GB 2762	GB 5009.12
微生物指标	霉菌	≤1000CFU/g	企业标准	GB 4789.15

实训工作任务单

学习项目	米粉加工技术	工作任务	干米粉制作
时间		工作地点	
任务内容	原辅料的选择及处理，浸泡、粉碎操作，筛分操作，榨粉操作，回生操作，汽蒸操作，梳条操作，干燥操作，切粉、包装操作，干米粉生产过程中存在的质量问题与解决方法		
工作目标	素质目标 了解中国米粉加工行业近几年基本情况 技能目标 1. 能够根据标准要求进行米粉加工原辅料的验收 2. 能够根据原辅料特点和成分对米粉加工工艺参数进行调整 3. 能够预防和解决米粉加工过程中的主要质量安全问题 知识目标 1. 掌握常见加工米粉用各类原料的主要理化成分和加工特点 2. 掌握米粉加工的主要原辅料及其验收要求 3. 掌握典型米粉加工的主要工艺流程和关键工艺参数 4. 掌握米粉加工中的主要质量安全问题及防（预防）治（解决）方法 5. 掌握米粉成品的质量安全标准要求及其评价方法		
产品描述	请描述该产品的特点、感官性状、营养成分等		
实训设备	请列举本次实训使用的设备，并描述操作要点		
操作要点	请根据课程学习和实训操作填写干米粉制作的工艺流程和操作要点		
成果提交	实训报告，干米粉产品		
相关标准/验收标准	请根据课程学习和实训操作填写干米粉的相关验收标准，包括指标名称、指标要求、检测方法、来源标准法规		
实训心得	本次实训有哪些收获？产品的关键控制点和容易出现的问题有哪些		
提示			

工作考核单

学习项目		米粉加工技术		工作任务		干米粉制作	
班级			组别		（组长）姓名		
序号	考核内容	考核标准	分数	权重			
				自评	组评	教师评	
				30%	30%	40%	
1	学习态度	积极主动，实事求是，团队协作，律己守纪					
2	组织纪律	上课考勤情况					

续表

序号	考核内容	考核标准	分数	权重		
				自评	组评	教师评
				30%	30%	40%
3	任务领会与计划	理解生产任务目标要求，能查阅相关资料，能制订生产方案				
4	任务实施	能根据生产任务单和作业指导书实施生产步骤，完成任务				
5	项目验收	依据相关技术资料对完成的工作任务进行评价				
6	工作评价与反馈	针对任务的完成情况进行合理分析，对存在问题展开讨论，提出修改意见				
		合计				
评语						

指导老师签字＿＿＿＿＿＿

任务六　大豆食品加工

学习目标

【素质目标】
1. 了解中国大豆食品加工行业近几年的基本情况
2. 能够简述国家发展改革委支持新疆大豆生产基地对新疆大豆行业的发展影响

【技能目标】
1. 能够根据标准要求进行大豆食品原辅料的验收
2. 能够根据原辅料特点和成分对加工工艺参数进行调整
3. 能够预防和解决大豆食品加工过程中的主要质量安全问题

【知识目标】
1. 掌握大豆的主要理化成分和加工特点
2. 掌握大豆食品的主要原辅料及其验收要求

项目五　粮油产品加工

3. 掌握典型大豆食品的主要工艺流程和关键工艺参数
4. 掌握大豆食品中的主要质量安全问题及防（预防）治（解决）方法
5. 掌握大豆食品的质量安全标准要求及其评价方法

任务资讯（任务案例）

我国是大豆起源国，大豆种植历史已经超过2000年。截止到2021年，总产居世界第四位，种植面积居第五位。大豆是优质植物蛋白质的主要来源，也是健康的食用植物油源，是我国重要的粮食作物、经济作物以及油料作物。

作为大豆的主产区之一，新疆2021年大豆种植面积有30余万亩。产量方面，新疆夏播大豆多次创出亩产新高，2021年南疆综合试验站夏播大豆高产田测得大豆亩产330.39公斤，打破了2020年夏播大豆亩产310.74公斤的纪录。另外，2020年，新疆石河子综合实验站15亩大豆高产示范田块核定亩产453.54公斤，创造了全国大豆高产新纪录。

近年来，国家明确大豆生产发展的思路原则，重点发展高蛋白大豆，满足食用大豆消费需求，挖掘增产潜力，降低生产成本，提高种植效益。2022年国家发展改革委更是提出支持部分地区开展大豆油料生产基地建设，大力实施大豆油料扩种行动，下大力扩大大豆和油料生产。另外，国家发展改革委下达新疆中央预算内投资7.06亿元，支持新疆优质棉基地、大豆生产基地建设，其中支持新疆大豆生产基地5万亩。在国家加大耕地轮作补贴和地方奖励力度下，新疆对大豆等油料作物种植管理的研究力度和科研投入也在不断加大，新疆的大豆发展潜力也较大，大豆种植前景会越来越好。

目前，大豆在我国用途主要是榨油和食用，加工成大豆食品是主要的食用方式之一。根据《大豆食品分类》（SB/T 10687），大豆食品是以大豆为主要原料，经加工制成的食品。大豆食品可分为熟制大豆、豆粉、豆浆、豆腐、豆腐脑、豆腐干、腌渍豆腐、腐皮、腐竹、膨化豆制品、大豆蛋白、毛豆制品、发酵豆制品（包括腐乳、大豆酱、豆豉、纳豆、发酵豆浆、其他发酵大豆制品）、其他大豆制品等。

任务发布

大豆食品的类别很多，我们以内酯豆腐和腐乳（红腐乳）为例进行学习。

如果某大豆食品企业要生产内酯豆腐和腐乳（红腐乳），需要具备什么样的生产条件，对原辅料的要求是什么，主要工艺流程有哪些，主要质量问题及防治方法是什么，成品质量标准又是什么呢？

任务分析

依据《食品安全国家标准　豆制品》（GB 2712），豆制品是以大豆或杂豆为主要原料，经加工制成的食品，包括发酵豆制品、非发酵豆制品和大豆蛋白类制品。

依据《非发酵豆制品》(GB/T 22106)，非发酵豆制品，是以大豆和水为主要原料，经过制浆工艺，凝固（或不凝固），调味或不调味等加工工艺制成的产品。内酯豆腐，是以葡萄糖酸-δ-内酯为凝固剂制成的豆腐，属于非发酵豆制品。

依据《腐乳》(SB/T 10170)，腐乳是以大豆为主要原料，经加工磨浆、制坯、培菌、发酵而制成的调味、佐餐制品；因此，腐乳属于发酵豆制品。腐乳根据制作辅料的不同又可分为红腐乳、白腐乳、青腐乳和酱腐乳。其中，红腐乳又称红方，是在后期发酵的汤料中，配以着色剂红曲酿制而成的腐乳。白腐乳又称白方，是在后期发酵过程中，不添加任何着色剂，汤料以黄酒、酒酿、白酒、食用酒精、香料为主酿制而成的腐乳；在酿制过程中因添加不同的调味辅料，使其呈现不同的风味特色；大致包括糟方、油方、霉香、醉方、辣方等品种。青腐乳又称青方，是在后期发酵过程中，以低度盐水为汤料酿制而成的腐乳；具有特有的气味，表面呈青色。酱腐乳又称酱方，是在后期发酵过程中，以酱曲（大豆酱曲、蚕豆酱曲、面酱曲等）为主要辅料酿制而成的腐乳。

要进行内酯豆腐和腐乳的加工，需要根据食品生产许可的要求具备环境场所、设备设施、人员制度等方面的要求，且生产内酯豆腐应获得非发酵豆制品的食品生产许可证，生产腐乳应获得发酵豆制品的食品生产许可证。在内酯豆腐和腐乳的加工方面，首先，需要了解生产所用原辅料的基本要求，根据标准要求进行原辅料的采购和验收；其次，要按照内酯豆腐和腐乳加工的基本工艺流程和参数开展生产加工，在加工过程中要利用各种技术手段预防或解决各类产品质量安全问题，确保产品质量安全；最后，要根据成品标准对成品进行检验。

任务实施

一、生产规范要求

（一）环境场所

良好的卫生环境是生产安全食品的基础，内酯豆腐和腐乳生产企业的生产环境应符合《食品安全国家标准 食品生产通用卫生规范》(GB 14881)等相关标准的相关要求。厂区选址方面，应注意远离污染源，不宜选择周围有虫害大量孳生的潜在场所，采取适当的措施将环境潜在污染降至最低水平。厂房设计合理，应有与生产产品相适应的原料库、加工车间、成品库、包装车间，生产腐乳的企业应有相应的发酵场所。加工车间必须具备良好的通风，包装车间应密闭有消毒措施，生产场所应与生活区分开。

（二）设备设施

内酯豆腐和腐乳生产企业配备的生产设备应与生产能力相适应，并按照工艺流程在对应的使用场所有序排列。与原料、半成品、成品直接接触的设备与用具，表面应光滑，无毒、无味，易于清洗消毒，易于检查和维护。生产设备应定期维护和保养，定期检修。设备的安装、维修保养、检修等的操作不应影响产品质量和食品安全。温度计、压力表等用于检测、控制、记录的设备应定期校准、维护，确保各设备能满足工艺要求。

内酯豆腐生产所需设备一般包括水处理设备、大豆浸泡设备、制浆设备、灌装设备、封口设备、保温成型设备、冷却设备、生产日期标注设备、工器具的清洗消毒设施等。

腐乳生产所需设备一般包括水处理设备、大豆浸泡设备、制浆设备、成型设备、发酵设施、包装设备等。

二、原辅材料要求

（一）大豆品种及其成分

根据大豆的皮色可分为黄大豆、青大豆、黑大豆、其他大豆、混合大豆等。

根据《中国食物成分表》（2018年版），大豆的主要成分见表1。

表1　大豆一般营养素成分表（以每100g可食部计）

食物成分名称	食物名称
	大豆
水分/g	10.2
能量/kJ	1631
蛋白质/g	35.0
脂肪/g	16.0
碳水化合物/g	34.2
不溶性膳食纤维/g	15.5
胆固醇/mg	0
灰分/g	4.6
维生素 A/μg RAE	18
胡萝卜素/μg	220
视黄醇/μg	0
维生素 B_1/mg	0.41
维生素 B_2/mg	0.20
烟酸/mg	2.10
维生素 C/mg	—[1]
维生素 E/mg	18.90
钙/mg	191
磷/mg	465
钾/mg	1503
钠/mg	2.2
镁/mg	199
铁/mg	8.2
锌/mg	3.34
硒/μg	6.16
铜/mg	1.35
锰/mg	2.26

注：1. 符号"—"，表示未检测，理论上食物中应该存在一定量的该种成分，但未实际检测。

另外，根据《大豆》（GB 1352）的要求，高油大豆的粗脂肪含量不低于20%，高蛋白质大豆的粗蛋白含量不低于40%。生产内酯豆腐和腐乳一般不选用高油大豆。

（二）大豆验收要求

大豆作为制作大豆食品的主要原料，其质量符合性非常重要，大豆的蛋白质含量、贮存时间、农药残留、污染物、真菌毒素污染等都会影响大豆食品的最终品质。依据《食品安全国家标准　豆制品》（GB 2712），原料应符合相应的食品标准和有关规定。生产内酯豆腐和腐乳所使用的大豆应符合《大豆》（GB 1352）以及《食品安全国家标准　粮食》（GB 2715）等标准的要求；污染物限量应符合《食品安全国家标准　食品中污染物限量》（GB 2762）的规定；真菌毒素限量应符合《食品安全国家标准　食品中真菌毒素限量》（GB 2761）的规定；农药残留应符合《食品安全国家标准　食品中农药最大残留限量》（GB 2763）的规定。

（三）加工用水要求

生产加工用水需要满足《生活饮用水卫生标准》（GB 5749）中的要求。水对内酯豆腐和腐乳的生产有很大的关系，条件允许的情况下宜选择弱碱性水生产，使用弱碱性水浸泡大豆，大豆的吸水率明显高于自来水和弱酸性水，所制豆腐得率也高于自来水和弱酸性水，可以提高产品的质量和产量。另外，泡豆时使用软水，更有利于提取大豆中的蛋白质。

（四）其他原辅料

其他原辅料应符合相应的标准和有关规定，食品添加剂的品种和用量应符合《食品安全国家标准　食品添加剂使用标准》（GB 2760）的规定。

三、加工工艺操作

依据《豆制品生产许可证审查细则》，内酯豆腐的工艺流程一般包括原料预处理（清洗、浸泡）、制浆（磨浆、滤浆、煮浆、灭菌）、灌装、成型等。

腐乳的工艺流程一般包括原料预处理（清洗、浸泡）、制浆（磨浆、滤浆、煮浆、灭菌）、凝固、成型、压榨、切块、发酵、包装等。

（一）内酯豆腐的加工

1. 制作原理

内酯豆腐是通过向经热处理的豆浆中添加凝固剂葡萄糖酸-δ-内酯，促进大豆蛋白胶凝，从而形成豆腐凝胶。葡萄糖酸-δ-内酯易溶于水且遇水会溶解，逐渐形成葡萄糖酸及其δ内酯和γ内酯的平衡状态；葡萄糖酸-δ-内酯在30℃以下时水解较为缓慢，加热可促进其水解过程；其中葡萄糖酸可以使大豆蛋白质凝固，内酯豆腐的生产正是合理地利用了葡萄糖酸-δ-内酯这一特点。

2. 工艺流程

原料→预处理→制浆→灌装→成型→成品。

3. 操作要点

（1）原料的进货与贮存：原料大豆通常以散装或大袋包装形式进货，进货后贮存在企业内部的仓库里。需要查验原料供货者的许可证和产品合格证明文件；对无法提供合格证明文件的食品原料，应当依照食品安全标准进行检验。

（2）清洗和浸泡：在加工前，需要检验大豆原料有无感官异常，无异常的大豆原料方可投入使用。大豆原料需要经过清洗和浸泡,根据杂物与大豆相对密度的不同,可除去大豆中的杂物。在浸泡大豆时可以先用水漂出草屑等相对密度较小的杂物,浸泡完毕后大豆会悬浮起来,石子、金属物等杂物会下沉,利用这样方法也可以除去石豆(吸水速度慢或完全不吸水的大豆)。浸泡时间一般为8~12h,根据季节的不同,大豆浸泡时间也会有一定的差异,实际生产时可根据情况进行适当调整。大豆浸泡后表面光滑无皱皮,浸泡后的大豆无黄心,掰开后中间略有塌坑。浸泡后的大豆体积可增长1.8~2.0倍,泡豆用水量与大豆的比例控制在(1:3)~(1:4)。

(3)制浆:制浆包括磨浆、滤浆、煮浆,其中煮浆还具有灭菌的作用。适当的机械破碎可以使大豆中的蛋白质溶出,磨浆过程中大豆与水的比例为(1:3)~(1:4),要求磨碎、磨细,一般磨碎的细度控制在100~120目。磨浆设备包括砂轮磨、石磨、胶体磨浆机、钢磨等。砂轮磨可以实现浆渣自动分离,而且生产能力高,是比较理想的磨浆设备,应用也比较广泛。如果在磨浆阶段不能实现浆渣自动分离,磨浆完成后需要滤浆,现在多采用离心机进行滤浆,先粗后细分段过滤,将豆渣和豆浆分离。过滤之后的豆浆浓度一般控制在11~12°Bé(以糖度计)。煮浆的方法主要有铁锅加热、电热管加热、直接蒸汽加热、间接蒸汽加热、通电加热等。一般生豆浆烧煮到97~110℃才能完全成熟,在煮浆时,随着温度的升高会产生大量的泡沫,温度升高到90℃左右时,可以适时地撒入消泡剂,或者同时用勺扬汤止沸,泡沫消除以后再继续煮浆5~7min,豆浆可完全成熟,同时也能杀灭有害成分,使豆浆中的蛋白质发生热变性,钝化大豆中的抗营养因子如脲酶和脂肪氧化酶等,减少豆腥味的产生。煮浆过程需要注意加热要均匀且速度要快,容器中的豆浆不可太满,豆浆煮熟以后不能再加冷水。

(4)灌装:当豆浆温度降至30℃时加入溶于少量凉开水或凉熟浆的葡萄糖酸-δ-内酯(目前也有企业在豆浆温度70~80℃时加入葡萄糖酸-δ-内酯),搅拌均匀后应立刻进行灌装封口。采用凉开水或凉熟浆溶解葡萄糖酸-δ-内酯的原因是,豆浆煮熟后再加入生冷水,产品易出现水分离析现象。添加的葡萄糖酸-δ-内酯越多,最终产品的成型性越好、硬度越高,但添加量过高时产品会出现较大酸味,一般生产中葡萄糖酸-δ-内酯的添加量以豆浆量的0.2%~0.4%为宜。加入葡萄糖酸-δ-内酯的产品不宜长时间贮存,一般需要在20min之内灌装完,因此每次混料量不宜过多。

(5)成型:加入葡糖酸-δ-内酯的豆浆经过灌装封口后,要尽快进行水浴加热凝固,85~90℃保温20~25min即可凝固成型。成型的温度不宜过高或过低,温度过高产品会出现蜂窝状的气孔,温度过低会导致硬度不够或成型不好。成型的内酯豆腐经过冷却会增强硬度稳定性,置于0~10℃的冷库中过夜效果更好。冷却后的内酯豆腐即为成品。

(二)腐乳的加工技术

1. 工艺流程

原料→预处理→制浆→凝固→成型→压榨→切块→发酵→包装→成品。

2. 操作要点

(1)清洗和浸泡:操作要点同内酯豆腐。

(2)制浆:磨浆加水量控制在(1:5)~(1:6),滤布的孔径一般为100目左右,生产腐乳所用的豆浆浓度一般控制在6~8°Bé为宜,制浆工序的其他操作要点同内酯豆腐。

(3)凝固和成型:生产实践表明,影响豆浆形成豆腐脑质量的因素有很多,如大豆的品种和质量、生产用水质，凝固剂的种类和添加量，豆浆的熟化程度，点浆温度、熟浆的浓度与pH以及搅拌方法等。点脑时，豆浆的pH最好控制在7左右；一般以食用卤水或石膏作为凝固剂，如使用卤水，使用量以豆重的2%~3%为宜（实际生产时需将盐卤稀释至20~24°Bé，过滤后使用）；如使用石膏，使用量以豆重的2%~2.5%为宜（石膏使用前需要粉碎后加水搅拌至成为悬浮液后使用）。加入凝固剂的适宜温度为75~85℃，可在豆浆温度降至85℃时开始加入凝固剂，应确保凝固剂与豆浆的混合接触，先搅拌，豆浆在容器内上下翻动起来之后边搅拌边加入凝固剂，凝固剂的加入量要先大后小，搅拌速度随着凝固剂的加入先快后慢。应注意搅拌动作要缓慢，避免已经形成的凝胶被破坏。加入凝固剂之后，需要静置15~20min成型，确保变形后的大豆蛋白与凝固剂能够继续作用形成稳定的空间网络。

（4）压榨：豆浆经凝固和成型形成豆腐脑后，应先滤出大部分的黄浆水，然后放入模具压榨。压榨时豆腐脑的适宜温度为65℃以上，压榨成型的设备有间歇式压榨设备（如杠杆式木制压榨床、电动和液压制坯机）和自动成形设备（如连续式压榨机）。压榨形成的豆腐坯含水量为70%~72%，蛋白质含量一般大于14%。

（5）切块：压榨成型的豆腐坯经冷却后，用切块机切成制作腐乳所需的大小适宜的豆腐坯，不符合标准的次品应剔除。应注意压榨之后的豆腐坯必须冷却之后再进行切块，否则会造成切块后的豆腐坯形状不稳定。

（6）前期发酵：前期发酵主要是毛霉在豆腐坯上的生长，将豆腐坯放置在发酵床或培菌格内，注意豆腐坯之间应留有一定空隙，目前大多采用喷雾接种，毛霉最适宜生长温度为15~18℃，培养室温可保持在20~24℃，一般不应超过28℃。一般应在发酵22h和28h进行两次翻格，以调节温差并补充空气，培养36h左右菌丝大部分生长成熟。毛霉长足成熟后即可进行凉花，凉花时可打开培养室的门窗进行通风降温，促进毛霉散热和水分散发，凉花时间一般在48~60h。毛霉凉透之后可进行撮毛工序，一般撮毛时毛霉呈微黄色或淡黄色，不可撮毛过早以防影响腐乳的鲜度及光泽。撮毛时将连接在一起的毛霉菌丝分开，并用手抹倒，即可进入腌制间进行腌坯。摆放时要注意将豆腐坯培养时未生长菌丝的一面统一朝缸（池）边，摆放时逐层加盐，缸（池）最上面的盐要厚一些，总体来说，腌制时盐的用量为豆腐坯质量的五分之一，根据季节不同盐用量略有差异，夏季用盐量稍高，腌制时间为8d左右。

（7）后期发酵和包装：腌制之后需经配料后进行装坛（瓶）进行厌气后发酵，腐乳所用的辅料直接与腐乳的后熟以及腐乳色、香、味的形成有关，红腐乳常用辅料有酒酿卤（或黄酒、高粱酒）、红米（红曲）、五香粉及其他香料等。其中所用卤汤的酒精含量一般在12%左右，不宜过高或高低，酒精度过高对蛋白酶的抑制作用较大，会延长腐乳的成熟期；酒精度过低，蛋白酶的活性高，蛋白质的水解会较快，同时防腐能力较差，容易发生腐乳的腐败。制作红腐乳，辅料中的红米可以将腐乳表面染成红色，还能帮助腐乳提早成熟。装坛（瓶）是后期发酵中的重要工序，既不能装得过紧、过松或歪斜，过紧会直接影响后期发酵，过松或歪斜会增加用酒量，也会影响外感。腐乳装坛（瓶）后，加入卤汤及辅料进行封口。封口是对后期发酵起着重要作用，封口不当会使酒精挥发，感染杂菌，导致腐乳发霉或变质。腐乳的后期发酵会产生复杂的生物化学反应，使腐乳成熟并形成特有风味，后期发酵主要是在贮藏过程中进行，一般自然发酵时间为3~6个月。

（三）内酯豆腐和腐乳加工废弃物处理

1. 废渣的利用和处理

豆渣含膳食纤维 50%~55%、蛋白质 18%~23%，以及人体必需的多种氨基酸等营养成分，但内酯豆腐和腐乳加工过程中产生的豆渣，由于口感粗糙、豆腥味重、色泽暗淡及难以储存等特点，利用率相对较低，主要用于生产饲料或作为废物丢弃。

豆渣具有营养丰富、价格低廉等特点，具有较大的发展潜力。目前对豆渣的研究已经有了显著成果，豆渣在食品中的开发利用有：利用发酵豆渣制备饮料，作为饼干或面包配料，完全或部分替代豆粕酿造酱油等，另外作为土壤重金属处理的吸附剂方面具有良好的应用，也可用于制备膳食纤维可食用包装纸等。

2. 废水的利用和处理

内酯豆腐和腐乳生产过程中会产生大量的废水，主要包括清洗浸泡大豆的废水、清洗生产设备的废水以及压榨过程产生的黄浆水。综合利用豆制品废水不仅可以回收利用豆制品废水中的有效成分产生一定的经济效益，而且能有效地处理豆制品废水。豆制品废水中的黄浆水，含有大豆蛋白、大豆低聚肽、大豆低聚糖以及大豆异黄酮等多种成分，可以在黄浆水中提取蛋白质、大豆异黄酮、大豆低聚肽等成分。豆制品黄浆水中有毒有害物质含量少，营养物质含量均匀，经过预处理之后制成培养液用来培养微生物等。另外，以黄浆水为原料生产食品也有着广阔的前景，如黄浆水经过处理后可以生产蛋白质调味液或饮料等。

豆制品废水属于高浓度的有机废水，排放也相对集中，尤其是黄浆水中的有机物含量比较高，长时间存放容易腐败变质，直接排放又会对环境造成污染，因此非常有必要在排放前对豆制品废水进行无害化处理。豆制品废水处理比较常用的是生物处理，处理工艺主要有 UASB-SBR-砂滤-生物活性炭过滤工艺、酸化水解-厌氧消化处理工艺、UASB-A/O 工艺、折流式厌氧反应器（ABR）-改良序批式活性污泥（MSBR）工艺等。

四、主要质量问题及防（预防）治（解决）方法

（一）内酯豆腐

1. 豆腐发红

整批豆腐发红一般是由于煮浆不彻底导致的，将豆浆彻底煮沸并保持 5~7min，可以避免出现此类的问题。

2. 豆腐出水有小孔

内酯豆腐成型阶段，保温温度过高，特别是水温接近 100℃时，导致豆浆处于微沸状态，形成的豆腐就会产生泡眼；并且豆浆凝固速度快，凝胶收缩，就会出现水分离析、质地粗硬的问题。遇到此类问题，应该马上关闭成型保温设备的蒸汽阀门，将设备内的豆腐快速移出。

3. 豆腐发软

内酯豆腐成型阶段保温温度低于 70℃，豆浆浓度偏低或者葡萄糖酸-δ-内酯过少，都会导致内酯豆腐发软；可以通过控制保温温度和时间、豆浆浓度和葡萄糖酸-δ-内酯添加量等改善内酯豆腐的凝胶强度。

(二) 腐乳

1. 豆腐坯问题

腐乳生产使用的豆腐坯主要质量问题包括豆腐坯无光泽、过硬粗糙。

豆腐坯无光泽主要是由大豆中的泥土等杂物及发霉变黑的大豆造成的,这些物质不仅会影响豆腐坯的质量,还会导致豆腐坯色泽不好。另外,大豆水分高、储存温度高会破坏大豆的组织乳化结构,也会使豆腐坯表面无光泽,陈豆以及高温快速干燥的大豆也会影响豆腐坯的光泽。因此生产腐乳要选择合适的大豆,并在大豆清洗和浸泡时去除异物,可以有效避免豆腐坯色泽差的问题。

豆腐坯过硬粗糙的主要因素包括豆浆将含有较多豆渣、豆浆浓度低、凝固剂浓度大、加入凝固剂时豆浆温度控制不合适、压榨速度慢等。制浆过程中有较多豆渣混入豆浆,这些豆渣会凝固于豆腐白坯中,使蛋白质的弹性减弱,从而使豆腐坯发硬。豆浆浓度低,豆浆中的蛋白质含量也少,凝固工序会出现少量蛋白质与大量凝固剂接触,导致蛋白质脱水形成鱼子状,会造成豆腐坯发硬粗糙。凝固剂浓度大会促使蛋白质凝固速度加快,导致豆腐坯结构粗糙,质地坚硬。加入凝固剂时豆浆温度过高,会加快蛋白质的凝固,影响产品的保水性,从而使产品质地变硬。压榨速度太慢,豆腐温度的降低会影响豆腐的热结合,造成豆腐坯松散发硬。生产中要注意选择合适的筛网滤浆,制浆过程严格控制水豆比例,凝固过程要注意凝固剂浓度和豆浆温度要适宜,压榨速度不宜过慢等。

2. 杂菌污染

前发酵阶段常见的杂菌污染现象包括"黄衣"、红色斑点。

"黄衣"现象是主要是豆腐坯被嗜温性芽孢杆菌污染引起的,表现为豆腐坯经过 4~6h 的培养后表面慢慢渗透出黄色滴状物,坯身发黏,且有刺鼻气味。为防止豆腐坯培养过程发生"黄衣"现象,需要注意:选用新鲜、健壮、生长速度快、繁殖能力强的菌株,必要时可以复壮、筛选毛霉菌,提高其抗杂菌能力;豆腐坯不宜在温度过高时进入发酵房,毛霉生长的最适温度为 20~25℃,一般豆腐坯温度降至 25~30℃入发酵房;豆腐坯表面要均匀接种,接种菌株处于优势地位也可防止杂菌污染;如出现"黄衣"现象,发酵房要彻底灭菌,做好调温、排湿、卫生工作后再使用。

红色斑点主要是被沙雷氏菌污染引起的,表现为豆腐坯发酵 24h 左右表面出现红色污染物,豆腐坯发黏,有异味。红色污染物就是沙雷氏菌分泌的灵菌素色素。豆腐坯污染沙雷氏菌主要是由工具、器具消毒不严导致的,如果在发酵中发现沙雷氏菌,应立即停止被污染的用具,进行彻底灭菌和消毒,为防止沙雷氏菌的抗药性,可交替采用硫磺和甲醛消毒。

3. 脱毛

正常情况下菌膜应该是紧密附着在豆腐坯表面,豆腐坯产生气泡会导致菌丝脱离豆腐坯,也称为"脱毛"。豆腐坯脱毛的原因包括:菌种不纯,豆腐坯含水量过高,豆腐坯含豆渣多,豆腐坯数量不合适等。菌种不纯时,存在的杂菌在前发酵时容易产生气泡;豆腐坯含水量过高也容易生长杂菌而产生气泡;豆腐坯含豆渣多,会影响毛霉菌丝和豆腐坯之间的连接而产生脱毛现象;豆腐坯排列比较紧密,尤其夏季温度较高时,毛霉的生长繁殖过程产生热量会导致豆腐坯温度过高而产生脱毛现象。

4. 腌煞坯

在后期发酵之前，需要将腐乳毛坯加食盐腌制、使腐乳坯在腌制过程中渗透盐分，析出水分，把坯内含有70%左右水分降为54%左右，使坯体收缩变得较硬。在腌制过程中，要控制一定的用盐量和腌制时间。食盐用量过多和腌制时间过长，会导致腐乳坯过度脱水收缩变硬，坯子中盐含量过高，产生咸苦味，这种腐乳坯俗称"腌煞坯"。为避免出现上述问题，咸坯盐含量应控制在15%以下。

5. 腐乳白点

腐乳白点是附着在成熟腐乳表面的毛霉菌丝上、沉于容器底部，或者浮在腐乳汁液中的乳白色圆形小点或乳白色片状物。形成原因主要是酶活力较强的毛霉蛋白酶，水解大豆蛋白会产生的酪氨酸，当酪蛋白的浓度超过其溶解度时，便以白点形式的结晶析出。由于腐乳白点主要是由酪氨酸组成，因此可以通过减少酪氨酸的生成来控制腐乳白点。缩短腐乳的前发酵时间可以有效减少酪氨酸的生成，从而减少腐乳白点，但是前发酵时间过短，蛋白酶不足会导致蛋白质分解不彻底，又会影响成品腐乳的风味。可以将酪氨酸添加在毛霉培养基中，用来阻止酪氨酸水解酶的合成，以此来驯育优良的毛霉菌株。

目前的研究还没有很好地解决腐乳白点的问题，一些腐乳生产企业会在腐乳标签上标注"本品若出现白色结晶，主要为氨基酸结晶，请放心食用"等说明。

6. 腐乳表面无色结晶物

白腐乳在后酵成熟后，常常有无色或浅琥珀色的透明单斜晶体产生，影响产品质量。有研究认为这些无色结晶物是磷酸铵镁和磷酸镁的混合物。可以通过使用 Mg^{2+} 含量低的酿造用水，尽量使用高纯度的精制盐等方法减少结晶的产生。

7. 发霉现象

有些腐乳厂家生成的红方，销售前往往发现缸内一层毛霉，只好把毛霉除去，再灌上一些新的红曲汤，这样既影响了红方的质量也很麻烦，并且不卫生，主要有以下几个原因：

（1）容器洗刷不干净，操作不仔细。

（2）封口不严，毛霉是好氧微生物，封口不严内外空气交换也有利于毛霉生长。

（3）装罐时灌的汤汁 pH 值太高，有的汤汁初始 pH 都不在 5 以下，随着后发酵的进行，产生一些生物碱和氨基酸，汤内的 pH 逐步升到 5 以上便开始长毛霉，因此控制好灌汤卤汁的 pH 就可以控制长霉现象，因为 pH 在 4 以下或 8 以上时毛霉不生长，而 pH 在 5~7 时毛霉生长旺盛。

在国外，如美国、日本等相继将脱氢醋酸用作食品防腐，在国内上海曾将脱氢醋酸用于腐乳防霉，效果很好，可以借鉴。

五、成品质量标准及评价

根据《国家标准　非发酵豆制品》（GB/T 22106）标准规定了内酯豆腐的感官要求、理化指标等食品安全要求及其检测方法。

《腐乳》（SB/T 10170）规定了腐乳的感官要求，重金属限量要求等食品安全要求及其检测方法。

依据上述规定，整理出内酯豆腐和腐乳（以红腐乳为例）应符合的质量安全标准如表 2 和表 3 所示。

表2 内酯豆腐质量安全指标

产品指标		指标要求	标准法规来源	检验方法
原料要求	原料	大豆应符合GB 1352的规定 水应符合GB 5749的规定	GB/T 22106	
	辅料	食盐应符合GB/T 5461的规定 白砂糖应符合GB/T 317的规定 其他辅料应符合相关的规定及标准		
	食品添加剂	质量应符合相应的标准和有关规定 使用的品种和用量应符合GB 2760的规定		
感官要求	—	应具有该类产品特有的颜色、香气、味道、无异味，无可见外来杂质	GB/T 22106	GB/T 22106
	形态	呈固定形状，无析水和气孔		
	质地	柔软细嫩，剖面光亮		
理化指标	水分	≤92.0g/100g		GB 5009.3
	蛋白质	≥3.8g/100g		GB 5009.5, 换算系数按5.71计
	卫生指标	应符合GB 2712的规定		
	净含量	应符合《定量包装商品计量监督管理办法》的规定		JJF 1070
污染物限量	铅	≤0.5mg/kg（以Pb计）	GB 2762	GB 5009.12
	锡	≤250mg/kg（以Sn计。仅适用于采用镀锡薄板容器包装的食品）		GB 5009.16
致病菌限量	沙门氏菌	$n=5$，$c=0$，$m=0/25g$（mL），$M=$—	GB 29921	GB 4789.4

表3 红腐乳质量安全指标

产品指标要求	指标要求	标准法规来源	检验方法
原料要求	原料和辅料要求：应符合相应的标准和有关规定 大豆：应符合GB 1352的规定 白酒：应符合GB 2757的规定 黄酒：应符合GB/T 13662的规定 食用酒精：应符合GB 10343和GB 31640的规定 食用盐：应符合GB/T 5461的规定 白砂糖：应符合GB 317的规定 食品添加剂：应选用GB 2760中允许使用的食品添加剂，还应符合相应的食品添加剂的产品标准	SB/T 10170	

续表

产品指标要求		指标要求	标准法规来源	检验方法
感官要求	色泽	表面呈鲜红色或枣红色，断面呈杏黄色或酱红色	SB/T 10170	SB/T 10170
	滋味、气味	滋味鲜美，咸淡适口，具有红腐乳特有气味，无异味		
	组织形态	块形整齐，质地细腻		
	杂质	无外来可见杂质		
理化指标	水分	≤72.0%		
	氨基酸态氮	≥0.42g/100g（以氮计）		
	水溶性蛋白质	≥3.20g/100g		
	总酸	≤1.30g/100g（以乳酸计）		
	食盐	≥6.5g/100g（以氯化钠计）		
	卫生指标	总砷、铅、黄曲霉毒素 B1、大肠菌群、致病菌、食品添加剂应符合 GB 2712 的规定		总砷、铅、黄曲霉毒素 B1、食品添加剂：按 GB/T 5009.52 测定 大肠菌群、致病菌：按 GB/T 4789.23 检验
	净含量负偏差	应符合《定量包装商品计量监督管理办法》的要求		JJF 1070
真菌毒素限量	黄曲霉毒素 B1	≤5.0μg/kg	GB 2761	GB 5009.22
污染物限量	铅	≤0.5mg/kg（以 Pb 计）	GB 2762	GB 5009.12
	锡	≤250mg/kg（以 Sn 计。仅适用于采用镀锡薄板容器包装的食品）		GB 5009.16
致病菌限量	沙门氏菌	$n=5$, $c=0$, $m=0/25g$（mL），$M=$—	GB 29921	GB 4789.4
	金黄色葡萄球菌	$n=5$, $c=1$, $m=100CFU/g$（mL），$M=1000CFU/g$（mL）		GB 4789.10

实训工作任务单

学习项目	豆制品加工技术	工作任务	内酯豆腐制作
时间		工作地点	
任务内容	内酯豆腐原料的预处理、制浆、成型和包装，内酯豆腐生产过程中存在的质量问题与解决方法		
工作目标	素质目标 1. 了解中国大豆食品加工行业近几年基本情况 2. 能够简述国家发展改革委支持新疆大豆生产基地对新疆大豆行业的发展影响 技能目标 1. 能够根据标准要求进行大豆食品原辅料的验收 2. 能够根据原辅料特点和成分对加工工艺参数进行调整 3. 能够预防和解决大豆食品加工过程中的主要质量安全问题 知识目标 1. 掌握大豆的主要理化成分和加工特点 2. 掌握大豆食品的主要原辅料及其验收要求 3. 掌握典型大豆食品的主要工艺流程和关键工艺参数 4. 掌握大豆食品中的主要质量安全问题及防（预防）治（解决）方法 5. 掌握大豆食品的质量安全标准要求及其评价方法		
产品描述	请描述该产品的特点、感官性状、营养成分等		
实验设备	请列举本次实验使用的设备，并描述操作要点		
操作要点	请根据课程学习和实验操作填写内酯豆腐制作的工艺流程和操作要点		
成果提交	实训报告，内酯豆腐产品		
相关标准/验收标准	请根据课程学习和实验操作填写内酯豆腐的相关验收标准，包括指标名称、指标要求、检测方法、来源标准法规		
实验心得	本次实验有哪些收获？产品的关键控制点和容易出现的问题有哪些		
提示			

工作考核单

学习项目	豆制品加工技术		工作任务	内酯豆腐制作	
班级		组别		（组长）姓名	
序号	考核内容	考核标准	分数	权重		
				自评 30%	组评 30%	教师评 40%
1	学习态度	积极主动，实事求是，团队协作，律己守纪				
2	组织纪律	上课考勤情况				

续表

序号	考核内容	考核标准	分数	权重		
				自评 30%	组评 30%	教师评 40%
3	任务领会与计划	理解生产任务目标要求，能查阅相关资料，能制订生产方案				
4	任务实施	能根据生产任务单和作业指导书实施生产步骤，完成任务				
5	项目验收	依据相关技术资料对完成的工作任务进行评价				
6	工作评价与反馈	针对任务的完成情况进行合理分析，对存在问题展开讨论，提出修改意见				
		合计				
评语						

指导老师签字_____

任务七　方便面加工

学习目标

【素质目标】

1. 了解中国方便面加工行业近几年基本情况
2. 了解地方主要方便面的行业特点

【技能目标】

1. 能够根据标准要求进行方便面加工原辅料的验收
2. 能够根据方便面原辅料特点和成分对加工工艺参数进行调整
3. 能够预防和解决方便面加工过程中的主要质量安全问题

【知识目标】

1. 掌握方便面原料的主要理化成分和加工特点
2. 掌握方便面加工的主要原辅料及其验收要求

3. 掌握方便面加工的主要工艺流程和关键工艺参数
4. 掌握方便面加工中的主要质量安全问题及防（预防）治（解决）方法
5. 掌握方便面产品的质量安全标准要求及其评价方法

任务资讯（任务案例）

方便面，又称快餐面、泡面、杯面、快熟面、速食面、即食面，南方一般称为碗面。广义上是指一种可在短时间之内用热水泡熟食用的面制食品；狭义的方便面上通常指由面饼、调料包及油包组成的销售成品，市面上以袋装、杯装或桶装居多。

方便面主要是以小麦粉、玉米粉、荞麦粉、大米粉等为主要原料，添加或者不添加辅料，经处理后得到的一种用热水冲泡就能食用的食品。因其具有食用方便、价格低廉、易于保存等特点，方便面深受消费者的青睐。

在方便主食领域，中国方便面产量已位列世界首位。就总体而言，中国方便面生产尚处于发展阶段。中国人均方便面占有量居世界第 9 位，而且消费主要集中于城市居民，农村居民消费水平不及城市的 1/3。随着城市化步伐加快，城乡居民收入提高，方便面市场前景乐观。同时，方便面制造业也是自 20 世纪 90 年代以来食品工业中发展最快的新兴行业。

自 2016 年以来我国方便面产量逐年下降。世界方便面协会数据显示，2020 年全球消费方便面约 1166 亿份，其中我国的消费量占四成，2020 年我国方便面行业市场总体量为 637.37 亿元。

任务发布

方便面因其食用简单方便而深受消费者喜爱，方便面加工企业也发展迅速。为培植新疆本地的方便面品牌，新疆某企业欲生产方便面产品。为此，该企业创业初期需要制定原辅料验收要求、确定工艺流程，分析生产过程中可能面临的质量安全问题并制定相应的预防控制措施。请问该企业应如何开展工作？

任务分析

依据《食品安全国家标准 方便面》（GB 17400—2015），方便面是指以小麦粉和/或其他谷物粉、淀粉等为主要原料，添加或不添加辅料，经加工制成的面饼，添加或不添加方便调料的面条类预包装方便食品，包括油炸方便面和非油炸方便面。推荐性国家标准《方便面》（GB/T 40772—2021）中对于方便面的定义与上述食品安全国家标准中的定义基本相同。

要进行方便面的加工，需要分别根据方便面食品生产许可的要求具备环境场所、设备设施、人员制度等方面的要求，获得方便食品品类（0701）的食品生产许可证，才能开展生产工作。在加工方面，首先需要了解生产各种不同的方便面所用原料的主要品种，以及各个品种的主要理化成分和加工特点，根据标准要求验收采购原料；其次，要按照基本工艺流程和参数开展生产加工，在加工过程中要利用各种技术手段预防或解决各类产品质量安全问题，确保产品质量安全；最后，要根据成品标准对成品进行检验。

任务实施

一、生产规范要求

（一）环境场所

良好的卫生环境是生产安全食品的基础，方便面生产企业应符合《食品安全国家标准 食品生产通用卫生规范》（GB 14881）等相关标准的相关要求。厂区选址应远离污染源，周围无虫害大量孳生的潜在场所，环境整洁。厂区布局合理，各功能区域划分明显，包括原辅料库、生产车间、检验室等；设计与布局合理，便于设备的安装、清洗、消毒等；道路硬化，铺设混凝土、沥青、或者其他硬质材料；厂区绿化与生产车间保持适当距离，生活区及生产区分开。有合理的排水系统，污水处理设施等应当远离生产区域和主干道，并位于主风向的下风处，排放应符合相关规定。场所应具有良好的照明和通风，应提供足够且方便的厕所，厕所区应配备自动开关的门。凡是流程需要的场合，应提供足够且方便的设施，供员工洗手和干燥手。

方便面生产企业除必备的生产环境外，还应当有与企业生产相适应的原辅料库、生产车间、成品库。生产方便面的生产线应是连续的。

（二）设备设施

依据《方便食品生产许可证审查细则》，方便面生产必备的生产设备包括：自动或半自动配粉设备（调粉机、和面机等）；成型设备（压延机等）；熟制设备（蒸煮机、油炸设备或热风干燥设备等）；自动或半自动包装设备包装机。

二、原辅材料要求

（一）原料品种及其成分

方便面的主要原料包括小麦粉、植物油、食用盐等。根据《中国食物成分表》（2018年版），小麦粉的主要成分见表1。

表1　小麦粉一般营养素成分表（以每100g可食部计）

食物成分名称	食物名称
	小麦粉（代表值）[1]
水分/g	11.2
能量/kJ	1512
蛋白质/g	12.4
脂肪/g	1.7
碳水化合物/g	74.1
不溶性膳食纤维/g	0.8

续表

食物成分名称	食物名称
	小麦粉（代表值）[1]
胆固醇/mg	0
灰分/g	0.7
维生素 A/μg RAE	0
胡萝卜素/μg	0
视黄醇/μg	0
维生素 B_1/mg	0.20
维生素 B_2/mg	0.06
烟酸/mg	1.57
维生素 C/mg	0
维生素 E/mg	0.66
钙/mg	28
磷/mg	136
钾/mg	185
钠/mg	14.1
镁/mg	53
铁/mg	1.4
锌/mg	0.69
硒/μg	7.10
铜/mg	0.23
锰/mg	0.37

注：1. 代表值是指当来自不同地区的同一种食物有多个的时候，为了便于使用，《中国食物成分表》（2018年版）对不同产区或不同品种的多条同个食物营养素含量计算了"x"代表值。

（二）原料验收要求

企业生产方便面的原辅材料必须符合国家标准和有关规定。如使用的原辅材料为实施生产许可证管理的产品，必须选用获得生产许可证企业生产的产品。企业应制定调料包的验货制度，保证调料包的质量。

三、加工工艺操作

1. 工艺流程

依据《方便食品生产许可证审查细则》，方便面的主要工艺流程包括：配粉→压延→蒸煮→油炸（或热风干燥）→包装。

2. 操作要点

（1）和面：面粉中加入添加物预混1min，快速均匀加水，同时快速搅拌，约13min，再慢速搅拌3~4min，即形成具有加工性能的面团。

(2) 熟化：将和好的面团放入一个低速搅拌的熟化盘中，在低温、低速搅拌下完成熟化。要求熟化时间不少于 10min。

(3) 复合压延：将熟化后的面团通过两道平行的压辊压成两个面片，两个面片平行重叠，通过一道压辊，即被复合成一条厚度均匀坚实的面带。

(4) 切丝成型：面带高速通过一对刀辊，被切成条，通过成型器传送到成型网带上。由于切刀速度大，成型网带速度小，两者的速度差使面条形成波浪形状，即方便面特有的形状。

(5) 蒸煮：在一定时间、一定温度下，通过蒸汽将面条加热蒸熟。它实际上是淀粉糊化的过程。

(6) 油炸：是把定量切断的面块放入油炸盒中，通过高温的油槽，面块中的水迅速汽化，面条中形成多孔性结构，淀粉进一步糊化。

(7) 风冷：刚出油炸锅的面饼温度过高，会灼烧包装膜及汤料，因此常用几组风扇将其冷却至室温，以便包装。

(8) 包装：将经过冷却的面饼与其他预包装好的汤料等一起进行包装。

四、主要质量问题及防（预防）治（解决）方法

方便面发展如此迅速，得益于其符合人们当今社会需求的这一特点。随着生活节奏的加快，方便面很好地在实惠的价格以及有限的时间里，给消费者带来饱腹感。然而方便面产品的食品安全问题也是屡屡出现，含碱量超标、微生物污染、油脂劣变等问题轻则导致产品外观改变，重则危及消费者的身体健康和生命安全。企业在生产方便面时，需要关注方便面工艺流程中的关键控制环节，以确保终产品的品质，并且防止产品在之后流通、销售和贮存等环节中不会过快地腐坏。

（一）含碱量过高

由于含碱量与油耗成反比关系，某些厂家为了降低成本的目的，经常在和面时超量使用碱，使得之后油炸过程中降低其耗油量。然而，这样会导致面块上出现黄斑、面块发黄、口感发涩、气味异常等现象出现，影响终产品的质量。在加工过程中，需要严格控制方便面面块中的含碱量在 0.2% 以下。另外，在配置原辅料的时候，车间员工需严格按照原料克重进行称量，并经过反复进行确认后再投入和面机中进行下一步流程。

（二）微生物的繁殖

此外，方便面常见的问题还有微生物超标、霉变等现象，而导致这些现象的原因便是水分超标。GB 17400 中规定，油炸面饼的水分 $\leq 10.0g/100g$，非油炸面饼的水分需 $\leq 14.0g/100g$。致使水分超标的原因有两点：首先是在加工过程中，没有进行合理的水分控制；其次，便是包装时机不当造成的水分过高。一般要求油炸后面块冷却至比室温高 5℃ 左右时再包装，若面块温度高于室温 10℃ 以上时立刻包装，在袋内仍然会有水分蒸发，水分在包装材料内表面凝成小水滴，会引起方便面的霉变和微生物繁殖。

在加工过程中，需要对面饼的工艺参数进行严格的控制，蒸煮温度/时间、油炸温度/时间等均需提前测试，以确保产品中的水分得以控制。另外，在风冷环节中，如若企业没有全自动设备，则需提前进行试产，不仅要保证终产品的水分含量低于其规定的数值，还需要控制终产品的温度不得高于室温 5℃ 以上。有效地控制水分才能确保产品的保质期，降低霉变

以及微生物快速繁殖的速度。

（三）油脂的劣化

油脂劣化主要表现为气味变差、色泽加深、产生毒性物质。这主要由于油脂长期忍受高温，部分油脂自动氧化生成过氧化物、并进而降解成挥发性醛、酮、酸的复杂混合物引起的。油脂劣化产生的物质很多是对人体有害的。企业在油炸方便面时，可以通过以下几点控制油脂的裂变。

选择合适的炸面用油（以棕榈油为宜）；控制炸面时的温度，以防止水解反应产生游离脂肪酸和热氧化、热分解等作用的产物聚集在油脂中，导致酸价升高，严重影响油脂及方便面的品质问题；减少蒸煮过后面饼表明的水分，以防影响油脂水解反应；及时清理油炸锅中的面渣，减少油脂氧化裂变的可能；及时在油锅中加入新油，以防油温过高，防止或延缓油脂的老化。

五、成品质量标准及评价

《食品安全国家标准　方便面》（GB 17400—2015）规定了方便面的食品安全要求，依据该标准的规定，油炸方便面的质量安全指标见表2，非油炸方便面的质量安全指标见表3。

表 2　油炸方便面的质量安全指标

产品指标		指标要求	标准法规来源	检验方法
原料要求		原料应符合相应的食品标准和有关规定		
感官要求	色泽	具有该产品应有的色泽	GB 17400	GB 17400
	滋味、气味	无异味、无异嗅		
	状态	外形整齐或一致，无正常视力可见外来异物		
理化指标	水分	≤10.0g/100g	GB 17400	GB 5009.3
	酸价	≤1.8mg/g（以脂肪计）（KOH）		GB 5009.229
	过氧化值	≤0.25g/100g（以脂肪计）		GB 5009.227
微生物要求	菌落总数	$n=5$，$c=2$，$m=104$，$M=10^5$ CFU/g（仅适用于面饼和调料的混合检验）		GB 4789.2
	大肠菌群	$n=5$，$c=2$，$m=10$，$M=10^2$ CFU/g（仅适用于面饼和调料的混合检验）		GB 4789.3 平板计数法
污染物限量	铅	≤0.5mg/kg（以Pb计）	GB 2762	GB 5009.12
	锡	≤250mg/kg（以Sn计。仅适用于采用镀锡薄板容器包装的食品）		GB 5009.16
致病菌限量	沙门氏菌	$n=5$，$c=0$，$m=0$/25g（mL），$M=—$	GB 29921	GB 4789.4
	金黄色葡萄球菌	$n=5$，$c=1$，$m=100$CFU/g，$M=1000$ CFU/g		GB 4789.10

表3 非油炸方便面的质量安全指标

产品指标		指标要求	标准法规来源	检验方法
原料要求		原料应符合相应的食品标准和有关规定	GB 17400	
感官要求	色泽	具有该产品应有的色泽		GB 17400
	滋味、气味	无异味、无异嗅		
	状态	外形整齐或一致,无正常视力可见外来异物		
理化指标	水分	≤14.0g/100g		GB 5009.3
微生物要求	菌落总数	$n=5$,$c=2$,$m=10^4$,$M=10^5 CFU/g$(仅适用于面饼和调料的混合检验)		GB 4789.2
	大肠菌群	$n=5$,$c=2$,$m=10$,$M=10^2 CFU/g$(仅适用于面饼和调料的混合检验)		GB 4789.3 平板计数法
污染物限量	铅	≤0.5mg/kg(以Pb计)	GB 2762	GB 5009.12
	锡	≤250mg/kg(以Sn计。仅适用于采用镀锡薄板容器包装的食品)		GB 5009.16
致病菌限量	沙门氏菌	$n=5$,$c=0$,$m=0/25g$(mL),$M=$—	GB 29921	GB 4789.4
	金黄色葡萄球菌	$n=5$,$c=1$,$m=100 CFU/g$,$M=1000CFU/g$		GB 4789.10

实训工作任务单

学习项目	方便面加工技术	工作任务	方便面制作
时间		工作地点	
任务内容			
工作目标	素质目标 1. 了解中国方便面加工行业近几年基本情况 2. 了解地方主要方便面的行业特点 技能目标 1. 能够根据标准要求进行方便面加工原辅料的验收 2. 能够根据方便面原辅料特点和成分对加工工艺参数进行调整 3. 能够预防和解决方便面加工过程中的主要质量安全问题 知识目标 1. 掌握方便面原料的主要理化成分和加工特点 2. 掌握方便面加工的主要原辅料及其验收要求 3. 掌握方便面加工的主要工艺流程和关键工艺参数 4. 掌握方便面加工中的主要质量安全问题及防(预防)治(解决)方法 5. 掌握方便面成品的质量安全标准要求及其评价方法		
产品描述	请描述该产品的特点、感官性状、营养成分等		

续表

实验设备	请列举本次实验使用的设备，并描述操作要点
操作要点	请根据课程学习和实验操作填写方便面制作的工艺流程和操作要点
成果提交	实训报告，方便面产品
相关标准/验收标准	请根据课程学习和实验操作填写方便面的相关验收标准，包括指标名称、指标要求、检测方法、来源标准法规
实验心得	本次实验有哪些收获？产品的关键控制点和容易出现的问题有哪些
提示	

工作考核单

学习项目	方便面加工技术		工作任务		方便面制作
班级		组别		（组长）姓名	

序号	考核内容	考核标准	分数	权重		
				自评	组评	教师评
				30%	30%	40%
1	学习态度	积极主动，实事求是，团队协作，律己守纪				
2	组织纪律	上课考勤情况				
3	任务领会与计划	理解生产任务目标要求，能查阅相关资料，能制订生产方案				
4	任务实施	能根据生产任务单和作业指导书实施生产步骤，完成任务				
5	项目验收	依据相关技术资料对完成的工作任务进行评价				
6	工作评价与反馈	针对任务的完成情况进行合理分析，对存在问题展开讨论，提出修改意见				
	合计					
评语						

指导老师签字_____

任务八 植物油脂加工

学习目标

【素质目标】
1. 了解中国植物油脂加工行业基本情况
2. 了解特色植物油脂加工相关知识

【技能目标】
1. 能够根据标准要求进行植物油脂加工原辅料的验收
2. 能够根据原辅料特点和成分对加工工艺参数进行调整
3. 能够预防和解决植物油脂加工过程中的主要质量安全问题
4. 能够根据标准要求完成植物油脂加工成品的验收

【知识目标】
1. 掌握常见植物油脂原辅料的验收要求和加工特点
2. 掌握典型植物油脂加工的工艺流程和关键工艺参数
3. 掌握植物油脂加工中的主要质量安全问题及预防和解决方法
4. 掌握植物油脂成品的质量安全标准要求及其评价方法

任务资讯（任务案例）

截至 2020 年，全国成品粮油加工企业为 14750 个，其中食用植物油脂加工企业 1637 个，占比 11.1%；全国粮油加工业总产值为 13956.1 亿，其中食用植物油脂加工 5988.9 亿元，占比 42.9%；全国粮油加工业产品销售收入为 14933.4 亿元，其中食用植物油脂加工 6686.3 亿元，占比 44.8%；全国粮油加工业利润总额为 494.4 亿元，其中食用植物油脂加工 239.0 亿元，占比 48.3%。

食用植物油能为人们提供身体所必需的脂肪和热量，赋予食物良好的风味和口感，在我国日常膳食中不可或缺。食用植物油是指以食用植物油料或植物原油为原料制成的食用油脂。我国主要的油料作物包括：油菜籽、花生、大豆、棉籽、葵花籽、芝麻、亚麻籽、油茶籽等。我国市场上大宗食用植物油包括：花生油、玉米油、葵花籽油、菜籽油、大豆油、棉籽油等。

新疆的棉花产量 520 万吨/年，占国内产量比重约 87%，产生的棉籽是我国第四大油料作物，我国棉籽基本都用于榨油，压榨量占比为 82%~87%，棉籽种子含油量为 17%~26%，棉籽种仁含油量为 34%~50%，其出油率为 13%。棉籽油是棉花主产区居民消费的主要食用植物油，棉籽油中含有大量人体必需的脂肪酸，不饱和脂肪酸含量近 80%。

葵花籽是我国的八大油料作物之一，新疆肥沃的土壤、充足的阳光适合向日葵种植，造就了葵花籽的优良品质，葵花籽压榨量占比为 24%~32%，出油率为 25%。葵花籽油中不饱和脂肪酸含量高达95%以上，人体消化吸收率高达96%以上；葵花籽油富含维生素E、胡萝卜素以及镁、磷、钠、钙、铁、钾、锌等营养物质。

花生是我国主要油料与经济作物之一，2020年全国花生种植面积达7096.2万亩，在国内大宗油料作物中居第三位，居全球第二位（16%）；我国花生总产量1799.3万吨/年，仅次于大豆居全国第二位，居世界花生生产国第一位。花生的压榨量占比为44%~51%，出油率为35%。花生仁含油率高达45%~60%，具有丰富的单不饱和脂肪酸，其含量约占总脂肪酸41%，饱和脂肪酸仅占19%，多不饱和脂肪酸38%；此外，花生油中富含多种微量有益伴随物，例如维生素E、植物甾醇、角鲨烯、锌等。

玉米油属于高品质的营养健康植物油脂，是通过玉米胚加工制得，也可以被称为玉米胚芽油。玉米油是必需脂肪酸的极好来源，其含量超过600 g/kg，主要以亚油酸为代表；此外，玉米油还包含较为丰富的天然脂溶性维生素、磷脂、辅酶以及植物甾醇等功能成分。

近年来，随着国内植物油需求的快速增长，我国油料和植物油进口都呈现出快速增长态势；但是，我国植物油自给率近年来在不断下降，已由2011年度的37.34%跌至2021年度的30.27%，国家食用油安全存在巨大隐患。因此，学习植物油脂的原辅料要求、加工工艺及质量安全问题防治至关重要。

任务发布

新疆是我国棉籽油料主产区，当地某企业欲新增棉籽油加工生产线，为使植物油脂加工顺利进行，棉籽油料验收的注意事项及验收要求是什么？棉籽油加工工艺及流程是什么？加工过程中的主要参数应如何设置？加工过程中可能面临哪些质量安全问题，应如何预防和解决？棉籽油成品应如何完成验收，使其顺利流向市场？

任务分析

《食品工业基本术语》（GB/T 15091—1994）中规定，食用油脂（edible oil and fat）是指可食用的甘油三脂肪酸酯的统称，分为动物油脂和植物油脂。一般常温下呈液体状的称油，呈固体状的称脂。

《食品安全国家标准 植物油》（GB 2716—2018）中规定了植物原油、食用植物油以及食用植物调和油的相关定义。植物原油是指以食用植物油料为原料制取的用于加工食用植物油的不直接食用的原料油；食用植物油是指以食用植物油料或植物原油为原料制成的食用油脂；食用植物调和油是指用两种及两种以上的食用植物油调配制成的食用油脂。

相关植物油产品标准，如《棉籽油》（GB/T 1537—2019）、《葵花籽油》（GB/T 10464—2017）、《花生油》（GB/T 1534—2017）、《玉米油》（GB/T 19111—2017）中对于相应的原油和成品油都有具体的定义及规定。

要进行植物油脂加工，需要根据食品生产许可的要求具备生产场所、设备设施、人员管理和制度管理等方面的条件，获得食用植物油（0201）的食品生产许可证，才能开展生产工作。在植物油脂加工方面，首先，需要了解植物油料的品质要求，以及不同植物油料的主要理化成分和加工特点，根据标准要求验收采购原料；其次，要按照植物油脂加工的基本工艺流程和参数开展生产加工，在加工过程中注意关键工艺环节的操作需对可能出现的产品质量问题进行预防以及对于出现的问题进行及时的处理；最后，要根据成品标准对成品的要求进行检验。

任务实施

一、生产规范要求

（一）环境场所

良好的卫生环境是生产安全食品的基础，植物油脂加工企业的生产环境应符合《食品安全国家标准 食品生产通用卫生规范》（GB 14881—2013）、《食品安全国家标准 食用植物油及其制品生产卫生规范》（GB 8955—2016）等相关标准的相关要求。

厂区选址应在无有害气体、烟尘、灰尘、放射性物质及其他扩散性污染源的地区。布局合理，具有足够空间，以利于设备、物料的贮存与运输、卫生清理和人员通行。各功能区域划分明显，包括原辅料库、生产车间、检验室等；设计与布局合理，便于设备的安装、清洗、消毒等；厂区道路应采用便于清洗的混凝土、沥青及其他硬质材料铺设，防止积水和尘土飞扬；厂区绿化与生产车间保持适当距离，生活区及生产区分开。车间内生产工艺布局合理，满足食品卫生操作要求，根据产品特点、生产工艺及生产过程对清洁程度的要求，合理划分作业区，避免交叉污染。厂房与设施必须严格防止鼠、蝇及其他害虫的侵入和隐匿。有合理的排水系统，污水处理设施等应当远离生产区域和主干道，并位于主风向的下风处，排放应符合相关规定。生产区建筑物与外源公路或道路应保持一定距离或封闭隔离，并设有防护措施。厂区内禁止饲养禽、畜。

植物油脂的生产车间依其清洁度要求一般分为：一般作业区（原料的清理除杂区、仓储区、外包装区等）、准清洁作业区（杀菌区、物料区、预包装清洗消毒区等）、清洁作业区（油脂提取区、精炼区、灌装区等）。对于全封闭的精炼、氢化等加工过程，可使用敞开式车间，但需对物料添加口做好防护，确保无食品安全风险；油脂提取、精炼区地面应设置地沟和隔油捕集池，防止积水；灌装区应与其他作业区进行分隔，车间的屋顶或天花板应使用白色或浅色防水材料建造，防止灰尘积聚，避免脱落造成污染。

生产场所或生产车间、灌装车间入口处应设置更衣室，洗手、干手和消毒设施，换鞋（穿戴鞋套）或工作鞋靴消毒设施。清洁作业区入口应设置二次更衣区，洗手、干手和（或）消毒设施，换鞋（穿戴鞋套）或工作鞋靴消毒设施。准清洁作业区及清洁作业区应相对密闭，清洁作业区设有空气处理装置和空气消毒设施，满足相应空气洁净度要求。植物油脂生产过程中灌装车间、仓库等封闭式的生产、贮存场所应采取纱窗、防鼠板、风幕等有效措施防止鼠类等虫害侵入。进入灌装车间等清洁度要求较高的区域应穿着专用工作服，并按要求洗手消毒，头发应藏于工作帽内或使用发网约束。灌装车间应配备人工通风措施，给排风系统应能减少污染，控制环境异味。

（二）设备设施

植物油脂生产企业应配备与生产能力和实际工艺相适应的设备，生产设备应有明显的运行状态标识，按工艺流程有序排列，并定期维护、保养和验证。设备安装、维修、保养的操作不应影响产品质量和食品安全。正常情况下每年至少进行一次全面的设备维护和保养，发现问题应及时进行检修，确保各项性能满足工艺要求，无法正常使用的设备应有明显标识。

植物油脂加工所需设备根据加工工艺的不同而有所差异。压榨法制油企业按需要应具备：筛选设备、破碎设备、软化设备、轧胚设备、蒸炒设备、压榨设备、剥壳设备、离心分离设备以及其他必要的辅助设备。浸出法制油企业应具备：筛选设备、破碎设备、软化设备、轧胚设备、浸出器、蒸发器、汽提塔、蒸脱机以及其他必要的辅助设备。设备鼓励采用全自动设备，避免交叉污染和人员直接接触待包装食品。根据工艺需要配备包装容器清洁消毒设施，如使用周转容器生产，应配备周转容器的清洗消毒设施。

植物油脂的贮罐、仓库或货场应依据原料、原油、半成品、成品、包装材料等性质不同分别存放，食用植物油贮罐应坚固、密闭、无毒。与原料油、半成品、成品直接接触的设备、工具和容器应使用惰性材料制造，不应使用铜及其合金等材料，不得与食用植物油发生反应。产品接触面的材质应符合食品安全的相关要求。自制自用制氮设备，应有适当的防护设施，并设置氮气纯度指示装置，定期检查记录氮气的纯度。

二、原辅材料要求

（一）食用植物油料验收要求

根据《食品安全国家标准 食用植物油料》（GB 19641—2015），用于制取食用植物油的油料需满足相应的质量要求。其中感官要求和有毒、有害菌类及植物种子限量见表1和表2，污染物限量应符合 GB 2762 的规定，真菌毒素限量应符合 GB 2761 的规定，农药残留限量应符合 GB 2763 的规定，转基因食用植物油料的标识应符合国家有关规定。

表1 食用植物油料感官要求表

项目		指标	检验方法
色泽、气味		具有正常油料的色泽、气味	GB/T 5492
霉变粒/%	大豆 ≤	1.0	按照 GB/T 5494 中不完善粒检验的规定，挑拣出霉变粒，进行称重、计算含量
	其他 ≤	2.0	

表2 食用植物油料中有毒、有害菌类及植物种子限量要求表

项目		指标	检验方法
曼陀罗属及其他有毒植物的种子[1]/（粒/kg）		1	GB 19641—2015 附录 A
大豆、油菜籽 ≤			
麦角/%	油菜籽 ≤	0.05	GB 19641—2015 附录 B
	其他 ≤	不得检出	

注：1—猪屎豆属（Crotalaria spp.）、麦仙翁（Agrostemma githago L.）、蓖麻籽（Ricinus communis L.）和其他公认的对健康有害的种子。

各油料可参考的相应的质量要求包括:《棉籽质量等级》(GB/T 29885—2013)、《棉籽》(GB/T 11763—2008)、《葵花籽》(GB/T 11764—2008)、《花生》(GB/T 1532—2008)、《玉米》(GB 1353—2018)、《高油玉米》(GB/T 22503—2008)等。

(二) 植物油抽提溶剂要求

《食品安全国家标准 食品添加剂 植物油抽提溶剂(又名己烷类溶剂)》(GB 1886.52—2015)中规定了植物油抽提溶剂的感官要求和理化指标,详见表3和表4。

表3 植物油抽提溶剂感官要求表

项目	要求	检验方法
色泽	无色	取适量样品置于清洁、干燥的比色管中,在自然光线下,观察其色泽和状态
状态	透明液体,无可见机械杂质	

表4 植物油抽提溶剂理化指标表

项目	指标	试验方法
馏程(初馏点至干点)/℃	61~76	GB/T 6536
苯,$w/\%$	0.06	GB/T 17474
蒸发残渣/(mg·L^{-1})	10	GB/T 3209
硫(S)/(mg·kg^{-1})	5.0	SH/T 0253
铅(Pb)/(mg·kg^{-1})	1.0	GB 5009.12
多环芳烃	通过试验	GB 1886.52 附录 A.3
pH	通过试验	GB 1886.52 附录 A.4

三、加工工艺操作

依据《食用植物油生产许可审查细则》,食用植物油的基本生产流程一般包括:原油制取(压榨法、浸出法)、油脂精炼(化学、物理)、油脂深加工(氢化、酯交换、分提等)、灌装、分装等。

(一) 植物油脂加工工艺流程

1. 原油制取一般工艺流程

原油有两种主要的制取工艺:压榨法和浸出法。

压榨法:通过施加物理压力把油脂从油料中分离出来,源于传统作坊的制油方法,现在已发展为工业化压榨作业。压榨法由于不涉及添加任何化学物质,原油中各种营养成分保持较为完整,但出油率低。

浸出法:选用符合国家相关标准的溶剂,利用油脂与选定溶剂的互溶性质,通过溶剂与处理过的固体油料中的油脂接触而将其萃取溶解出来,并用严格的工艺脱除油脂中的溶剂。与压榨法相比,浸出法油粕中残油少,出油率高;加工成本低、生产条件良好;油料资源得到充分利用。

不同油料的化学成分、含量、物理性状有差别,分别适用于不同的原油制取工艺。一般来说，含油率高的油料采用压榨法，如花生、油菜籽等；含油率低的油料采用浸出法，如大豆等；而某些油料中可产生特殊风味的油脂，为保持其产品不失去原有的风味，多采取压榨法取油，如棉籽油、葵花籽油等。

压榨法工艺流程：油料清理→剥壳→破碎→轧胚→蒸炒→压榨→原油

浸出法工艺流程：油料清理→破碎→软化→轧胚→浸出→蒸发→汽提→原油

2. 油脂精炼一般工艺流程

原油含有较多的胶质、游离脂肪酸、有色物质等，不能直接食用，只能作为成品油的原料。为防止危害消费者的身体健康，原油必须经过精炼加工处理，使之成为颜色浅且澄清的精制油，达到各级油品的成品质量标准才能上市销售。压榨油一般经过初步的脱酸和脱胶处理即可；而浸出油要经过脱酸、脱胶、脱色和脱臭等处理，祛除消费者所不喜欢的异味。

油脂精炼有助于增强油脂储藏稳定性、改善油脂风味和色泽以及为油脂深加工制品提供原料。

化学精炼工艺流程：原油→过滤→脱胶（水化）→脱酸（碱炼）→脱色→脱臭→成品油

物理精炼工艺流程：原油→过滤→脱胶（酸化）→脱酸（水蒸气蒸馏）→脱臭→成品油

（1）脱胶：脱除毛油中胶溶性杂质的过程称为脱胶。油脂胶溶性杂质不仅影响油脂的稳定性，而且影响油脂精炼和深度加工的工艺效果，增加碱炼过程操作困难，增大辅助剂的耗用量，并降低脱色效果。在实际生产中常使用特殊湿法脱胶，是水化脱胶法的一种，即利用胶溶性杂质的亲水性，将一定量电解质溶液加入油中，使胶体杂质吸水、凝聚后与油脂分离。

（2）脱酸：即降低原油中游离脂肪酸含量。油料的不成熟性、高破损性等是造成高酸值油脂的原因，尤其在高水分条件下，对油脂保存十分不利，使油脂的食用品质恶化。脱酸的主要方法为碱炼法和蒸馏法：碱炼法是中和原油中的绝大部分游离脂肪酸，与其生成的钠盐在油中不易溶解，成为絮状物而沉降；蒸馏法又称物理精炼法，多应用于高酸值、低胶质的油脂精炼过程。

（3）脱色：植物油中的色素成分复杂，主要包括叶绿素、胡萝卜素、黄酮色素、花色素等。油脂脱色常用吸附脱色法，利用吸附力强的吸附剂在热油中能吸附色素及其他杂质的特性，在过滤去除吸附剂的同时也把被吸附的色素及杂质除掉，从而达到脱色净化的目的。常用的吸附剂为漂土、活性白土、活性炭、凹凸棒土等。

（4）脱臭：不同油料制成的植物油有其本身特有的风味，此外，经脱酸，脱色处理的油脂中还会有微量的醛类、酮类、烃类、低分子脂肪酸、甘油酯的氧化物以及白土、残留溶剂等的气味，将这些不良气味祛除的工序称为脱臭。脱臭的方法有真空汽提法、气体吹入法、加氢法等。最常用的是真空汽提法，利用臭味组分与油脂的蒸气压不同，采用高真空、高温结合直接蒸汽汽提等措施将油中的臭味组分蒸馏除去。

（二）棉籽油、葵花籽油、花生油、玉米油的加工工艺

1. 棉籽油的加工工艺

压榨工艺

炒籽→过筛→磨碾→加水→蒸坯→包饼→压榨→过滤。

（1）炒籽：锅内棉籽占容量的1/4~1/3，需炒制均匀，勤翻、翻透，火力不能太大，以免壳发焦。炒后棉籽在槽中扒平，用木棍捅出透气孔，使热蒸汽散失，冷后便于过筛清理。

(2) 过筛：用人工筛或固定筛筛去泥土、杂质。

(3) 磨碾：磨时下料要少，要匀而不断流，磨子速度适当地快，使棉籽易于破碎。

(4) 加水：随碾辊环槽洒水，碾磨时，一边洒水，一面翻籽，使坯吃水均匀，碾磨一致，约碾20min，直至细坯不成团。

(5) 蒸坯：粉坯倒入蒸桶要用手扒平，使蒸桶内透气均匀，坯温、水分一致。蒸桶底呈圆的如筲箕背形，受热均匀，蒸锅水位保持一致，蒸桶底与水面的距离在16cm以上为宜、烧火要匀。

(6) 包饼：包饼应掌握分散包饼，要快且包装平紧，上榨要集中、快速。单圈薄饼，压榨后厚约2cm，应尽量缩短时间，防止坯中热量的散失。

(7) 压榨：初榨时需将包饼对正，调整圈与圈的距离，以免饼打得凹凸不平。压榨时，要直到油流不成线为止。油线断时，再空榨2h才能松榨。

(8) 澄清过滤：压榨的原油杂质很多。应快速冷却，静置一段时间再过滤，以免色泽加深，增加炼油损耗。

精炼工艺

棉籽原油→加磷酸混合→加碱碱炼→脱皂→水洗→脱水→脱色剂脱色→脱臭→成品棉籽油。

(1) 棉籽原油预热到65℃左右，加入85%磷酸，磷酸用量占毛油质量0.08%~1.2%，并搅拌反应30min。

(2) 加入质量分数为12.5%~14.5%的一定量（理论碱量与超碱量）碱液进行碱炼，其中超量碱添加量为原油质量的0.1%~0.25%，加碱时快速搅拌，加碱后适当调慢搅拌速度，以更好地形成皂脚粒，有利于分离；碱炼温度控制在50~70℃，碱炼时间为30min左右。

(3) 离心机转速为6700r/min用以分离皂脚，得到脱皂油。

(4) 脱皂油预热到90℃左右，加入12%的85℃的软水，水洗除去脱皂油中残皂，在130℃、真空度0.098MPa条件下真空脱水30min。

(5) 加入一定量的脱色剂（白土），在105℃、真空度0.098MPa条件下脱色30min。

(6) 脱色油在210℃、真空度1kPa条件下进行脱臭，最后得到成品棉籽油。

2. 葵花籽油的加工工艺

压榨工艺

葵花籽原料→清理→烘干脱壳→炒籽→压榨→原油。

(1) 原料：选用新鲜的、籽粒饱满的葵花籽，收购后，一般先烘干暂存，待加工使用。严格控制原料中未成熟、破损、霉变、陈化的葵花籽含量，减少油脂酸价高、风味差、黄曲霉等毒素污染等问题。原料酸值应控制在1.5（KOH）/（mg/g）以下，水分含量控制在10%以内。

(2) 清理：包括清理、去石、磁选。原料中含有无机杂质（石子、金属等）、有机杂质（异种油料、杂草等）。使用震动清理筛、比重去石机、永磁筒等设备将杂质去除，清理后杂质含量降到0.5%以下。

(3) 烘干、脱壳：清理后原料首先进入平板烘干机，水分降至7%~8%，达到最佳脱壳效果后进入脱壳机；脱壳后，油料含壳量降至5%以下。若葵花籽仁含壳量较高，会导致压榨油颜色深，需经高温脱色处理，破坏葵花籽油的营养和风味。

(4) 炒籽：葵花籽油的风味与炒籽的温度和时间有直接的关系，高温炒籽，可增加葵花籽油的香味，但温度过高或时间过长，会产生有害物质和焦糊味。经试验，炒籽最佳工艺条件为：160~180℃温度环境下，炒制20~30min。

(5) 压榨：入榨温度控制在120~130℃，压榨后，料饼残油量控制在8%以下。榨油机上需装有抽风罩，起扬烟作用，否则会导致原油有明显焦糊味。

精炼工艺

葵花籽油有两种精炼工艺，分别为一般葵花籽油精炼和浓香葵花籽油精炼。随着人们生活水平的提高，浓香油市场需求不断增加，下面介绍一下浓香葵花籽油精炼工艺：

原油→酸炼→碱炼→水洗→脱蜡→脱色→脱臭→葵花籽油。

原油→初滤→冷却→结晶养晶→过滤→布袋过滤→浓香葵花籽油。

(1) 初滤：原油含渣量较大，经自动排渣过滤机去除，使含渣量降至0.3%~0.5%。

(2) 结晶养晶：初滤后经冷却将油温降至30℃以下，随后进入结晶阶段，加入0.2%~0.5%葵花籽饼粉助滤，搅拌均匀；降温速率控制在0.5~2℃/h，最终降至5℃左右，时间控制在10~12h。保持5℃进行12h以上的养晶阶段。

(3) 过滤：结晶养晶后，部分含水磷脂进一步结合膨胀，高熔点蜡先后析出，经过滤去除蜡和多余磷脂，使油脂具有较好的透明度，同时提高储存稳定性。随后再经布袋过滤，达到抛光作用，获得成品浓香葵花籽油。

3. 花生油

压榨法

(1) 筛选：先用簸箕簸出花生碎壳和柴草等，然后用圆罗筛去石块、土屑和铁类等杂物。要求筛后花生仁杂质越少越好，最多不超过0.1%。

(2) 碾坯：可用石碾将花生仁碾碎，碾时花生仁不要铺得过厚，以免碾坯不均匀，碾出的生坯厚度在0.3~0.5mm为佳。

(3) 蒸坯：可用铁锅笼屉，待水烧开后将碾好后的生坯均匀平铺其上。上汽要均匀，蒸好后要求一捻见油，水分在8.5%左右，温度在100℃以上。

(4) 装垛：蒸好后的坯子即为熟坯，要迅速包饼装垛，包饼可采用单圈，饼圈上下口要对齐，铺草要均匀，熟坯装好后要压实踩平，使中间略高。要求包饼要快而平，装垛要正而直，以达到保持饼温和延长压榨时间的要求。

(5) 头道压榨：人力螺旋榨要放在保温的房间内，包饼装好后要立即压榨，步步压紧，轻压勤压，一般达到出油90%左右时，拆榨，卸饼，并用弯刀刮去饼边（不应同饼一起粉碎，最好掺到生坯中去，再进行头道压榨）。

(6) 粉碎压坯：将刮去饼边的头道饼用石碾进行粉碎，使其通过3目的筛子，直至全部筛过为止。

(7) 二次压榨：操作均同前述。

(8) 两次压榨所得的原油合并过滤，滤后的花生油即可食用。滤渣可掺入生坯中重复进行压榨。

浸出法

(1) 清理、烘干：清杂后烘干，使水分降至4%~5%。

(2) 破碎、脱胚：破碎成 2~4 瓣，脱去胚芽 50% 以上和种皮 90% 以上。

(3) 蒸炒：温度 110~115℃，时间约 40min。

(4) 予榨、浸出：榨油机予榨后用正己烷浸出，粕温不高于 105℃；出油率达 99%，脱脂粕含蛋白质 55% 以上。

(5) 脱溶：脱除混合油及粕中溶剂。

4. 玉米油

一般用于榨油的玉米（胚）是在玉米加工淀粉时分离到的副产品，玉米油的加工过程一般包括胚的分离和胚的榨油两个过程。

玉米胚的分离

玉米胚的分离主要有干法脱皮提胚制粉和湿磨法提胚制粉。原料不经润水处理直接脱皮提胚制粉，称为干法脱皮提胚，一般玉米籽粒水分含量在 18% 左右时可采用，但加工损失大；湿磨法提胚制粉法，是玉米籽粒经浸泡处理后再脱皮提胚制粉，湿磨法的提胚率和出油率较高。湿磨法提胚制粉工艺流程：

(1) 浸泡：精选后的籽粒先用二氧化硫溶液（浓度为 0.15%~0.20%，pH 值为 3.5，温度 50~55℃）浸泡 40~60h。利用二氧化硫溶液的还原性和酸性分散破坏籽粒中的蛋白质网状组织，使籽粒中的胚、皮、淀粉游离分散。浸泡桶一般为直径 5~6m，高 12~15m 的不锈钢桶。

(2) 破碎与胚的分离：浸泡后的玉米籽粒已经软化，各组织成分之间疏松，经磨或破碎机的破碎，再经胚分离槽加水，使胚浮在水面，分离出胚。利用胚分离槽是我国的传统工艺，但分离率最高仅有 85%，分离效率低。目前国外和我国较大的加工厂都使用旋流器进行分离，胚分离率可达到 95% 以上。

玉米胚的榨油

玉米胚的榨油同样需要清理、轧胚、蒸炒、压榨等过程。浸出法是近代先进的榨油法，出油率高，饼粕的利用效果也好。但由于玉米胚大多是加工厂的副产品，原料不足，难以进行规模化的浸出法加工玉米油，因此，玉米胚榨油大部分采用压榨法。

玉米胚榨油的工艺流程为：玉米胚→预处理（筛选、磁选）→轧胚→蒸炒→压榨→毛油

(1) 预处理：玉米胚应具有一定的新鲜度，存放的时间越短越新鲜，对提高出油率和保证油品质量越有利；反之，存放时间过长，易产生霉变，还有污染的可能，制得的玉米油也会对人体产生危害。因此，玉米胚的存放时间不宜过长，最好为新胚入榨或将玉米胚晒干/炒熟存放，防止其变质。

玉米胚含有大量淀粉，在蒸炒过程中会糊化，减少压榨过程中油脂流出的流油面积，堵塞油路，因此在榨油前应该用筛分法尽可能地将这些杂物清除。玉米胚在进入压榨机前还应进行磁选处理，除去磁性物金属碎屑，以保护榨油设备。

(2) 轧胚：玉米在破碎提胚前，需经过润皮工序，使玉米胚中的水分含量增多，轧胚前必须先进行软化处理，调节玉米胚的温度和水分，降低其韧性。软化可用热风烘干机，干燥至水分降至 10% 以下，然后再进行轧胚工序。轧胚的目的是使胚芽部分细胞壁破坏、蛋白质变性，以利于出油。一般轧成的胚厚度不超过 0.5mm，最好在 0.3~0.4mm，轧胚时进料要均匀，且玉米胚应该压得薄而不碎、不漏油。

(3) 蒸炒：蒸炒又称热处理，是玉米胚榨油预处理阶段最重要的一环，蒸炒效果好坏，直接影响油的质量和榨油效果。在蒸炒过程中，通过加热可以使蛋白质充分变性和凝固，同时降低油脂黏度，有利于油滴进一步聚集，便于油脂从细胞中流出，提高原油质量。蒸炒效果受水分、温度、加热时间、加热速度等多种因素影响，其中最主要因素是水分和温度的调节。提胚时，若水分在12%以下，蒸炒时要加水；在蒸炒初期，温度需均匀快速提升，但不必升得过高。蒸炒的全过程用时40~50min，水分降至3%~4%。经蒸炒的料温在进入压榨机前需达到100℃。

(4) 压榨：压榨机分为间歇式和连续式两种，均采用螺旋压榨机，靠压力挤压出油。要获得高的出油率，必须保证压力在69MPa以上。开始时，要先少投料，待膛内温度升高后，再逐步加料，以防堵塞。正常进料时，要注意出饼、油、渣和负荷情况。出饼饼片要坚实，厚度在1~1.3mm为好，如发现饼发焦或有冒烟现象，说明水分过低；如果出油少，油冒泡多，饼片大或有"拉稀"现象，说明水分过高。不论水分高或低，都要注意及时调节蒸炒，使胚中的水分符合榨油要求。当发现出油不畅时，可能是油路堵塞，原因大多是入机玉米胚中含玉米粉太多，此时需加入一些油渣或饼屑，将榨膛中的存料顶出，以疏通油路。干法分离的玉米胚，出油率不超过20%，原油得率仅占玉米籽粒的1%~2%。湿法分离的玉米胚出油率可达40%~45%，原油占玉米籽粒3%~3.5%。毛油经过沉淀，可作原料出厂，但不适合食用，需进一步精炼。

玉米油的精炼

玉米原油中含有一定量的饱和脂肪酸、游离脂肪酸、脂类、蜡质、胆固醇、色素及少量的蛋白质胶体等物质。需对玉米原油进行精炼以获得符合要求的可食用的玉米油。一般玉米油精炼的工艺流程为：玉米原油→沉淀→水化脱胶→碱炼→水洗→脱水脱色→过滤→脱臭→精炼玉米油。

(1) 沉淀：根据油和各种杂质的比重不同而分离：毛油经过静置，水和机械性杂质比重比油大，沉在底部；少量悬浮杂质以及磷脂、蛋白质、淀粉类糊状物等漂浮在表面。影响沉淀效果的因素主要是温度和时间，温度高、时间长，沉淀效果好。夏天气温高，经过3天静置，沉淀基本达到要求；冬天保持0℃以上的环境，沉淀时间应不少于7d；春秋两季，可根据气温情况适当调整沉淀时长。

(2) 水化脱胶：水化就是通过加水加热使油中的磷脂、蛋白质、黏液等杂质分离出来。磷脂吸水后会膨胀，体积增大，与蛋白质、黏液和其他杂质结合在一起形成胶体，比重增大而沉淀在油底，然后将含有胶体的水和油分离，达到水化脱胶的目的。该工序先将原油加热至75~80℃；然后加入原油重量5%~10%的食盐水，盐水的浓度为5%；加水的同时，必须不断搅拌。

(3) 碱炼：玉米原油中含有大量的游离脂肪酸，使用碱液与之中和，产生絮状肥皂，并吸附油脂中杂质，从而起到脱酸、脱杂和脱色的综合作用。常用的碱液为烧碱（氢氧化钠）和碳酸钠：烧碱（氢氧化钠）的脱酸效果好，还能改善油脂的色泽，但会产生少量的皂化；碳酸钠能防止中性油的皂化，但所得的油脂色泽较差。碱炼一般采用开口式反应罐，碱液以喷淋的方式加入油脂中。

首先，需先测定原油的酸价和游离脂肪酸含量，确定加碱量。其次，将原油倒入反应罐，缓慢加热，使气泡消失，将预先调好的碱液迅速、均匀地加入油中，并搅拌使其充分混合和皂化。当发现有皂粒分离状态时，要快速加热使油迅速升温，边升温边搅拌，在短时间内使温度升至50~60℃，然后停止加热和搅拌。当发现皂脚不易下沉时，还要加入与油同温或较低温度的清水和食盐水，加水时，搅拌速度应放慢。最后，停止搅拌后，需将油沉淀24h。

（4）脱水脱色：玉米油呈橙黄色，经过碱炼可以除去部分颜色，但对于质量要求高的玉米油，还需经过脱色工序处理。脱色过程不仅能吸附色素，还能将油脂中少量的皂脚等胶体物质除去。脱色也是微量水的脱除过程，因此需要在真空条件下进行。常用的脱色方法是吸附法，常用的吸附剂（脱色剂）为白土和活性炭，而且白土和活性炭联合使用效果更佳。脱色的过程是：将玉米油倒入脱色罐内，当油温升至70~80℃时，加入吸附剂，并搅拌；然后将温度升至110~120℃，脱色时间为10~20min；在脱色过程中取样观察，至色泽合格，停止加热；吸附剂的用量一般为油重的3%~5%。

（5）过滤脱蜡：玉米油中含有少量蜡质，影响成品油的透明度，所以在脱色后，还需进行脱蜡处理。将脱色的玉米胚油冷却，使蜡结晶析出，然后用压滤机过滤，除去蜡和脱色剂即可。

（6）脱臭：此时的玉米油除了其原有的玉米风味外，还有碱炼中带来的"皂"味、脱色中带来的"土腥"味，需经进一步脱臭处理使玉米油符合风味要求。脱臭的操作步骤为：将油注入脱臭锅内，进油量为锅容积的2/3左右；油用蒸汽管加热，锅内通入蒸汽，用来翻动油层和脱除空气，当油温升至150℃时，进入脱臭过程；此后，加大蒸汽进量，增大翻动，温度升至180℃，真空度达到0.093MPa时，进入全面脱臭，整个脱臭过程一般为7~8h；随后冷却，减小蒸汽进量，待油温降至80℃时，关闭蒸汽管；油温降到70℃时即可进行过滤，经过滤的油即为成品玉米油。

（三）植物油脂加工废弃物处理

1. 废水处理

植物油脂加工废水由生产废水和生活污水组成，其中生产废水约占90%。榨油车间的用水量较大，但污染物较少；精炼车间用水量约为榨油车间的一半，但污染物浓度较高，包括中性油脂、脂肪酸、无机酸、碱、盐、甘油、色素、碳水化合物等各种杂质，属于典型的有机废水。精炼车间废水中含有2%~5%的油脂，化学需氧量（COD）平均约为20000mg/L，是废水处理的重点和难点。

生产废水处理方式为：隔油→破乳→絮凝→沉淀→气浮→生物法处理→过滤→出水。

生产废水中所含污油和胶质主要以浮油、分散油、乳化油和溶解油的方式存在，其中浮油可通过隔油重力沉淀方法除去，其余3种形式必须加药破乳后，再经过二道气浮和机械过滤方式处理。生物法处理是在反应箱内设置立体弹性填料，微生物主要以生物膜的形式附着在载体填料表面，将充氧的废水与长满生物膜的填料相接触，污水中的有机物在流经生物膜时，被吸附到生物膜表面，并被微生物进行有氧代谢而降解，实现废水净化。

生活污水处理时，可考虑污污分流，单独将生产废水按流程处理，将生活污水直接进入生物处理系统，为微生物提供碳源，并降低前端处理负荷，减少药剂添加量。

2. 废气处理

植物油脂加工废气主要来源于榨油、浸出和精炼3个过程。蒸炒和压榨工段中油料在高温、挤压和高剪切力作用下，散发出油料特有气味的同时，部分油料还会挥发出刺激性气味。目前国内使用的浸出溶剂的主要成分是工业己烷，在浸出过程中，设备的跑、冒、洒、漏及溶剂回收不完全，都会造成溶剂的挥发，污染环境，影响操作人员身体健康，人体暴露在正己烷气体的环境中，中枢神经系统及运动神经细胞的作用会受到影响。油脂精炼脱臭过程中排出的废气主要是少量的低分子醛、酮、含硫化物及低级脂肪酸，还可能含有焦糊味、溶剂味、肥皂味、漂土味、氢化异味等，这些废气不仅污染环境，而且影响人的嗅觉、情绪等，对人体健康产生不利影响。

可将榨油阶段产生的废气排入蒸汽锅炉炉膛，经过高温氧化后排放，或者排入污水池中，通过活性炭吸附净化。浸出制油过程中溶剂挥发产生的废气可采用冷凝、冷冻吸收或石蜡吸收尾气等处理方法控制其排放量。精炼产生的臭气可采用蒸汽喷射大气冷凝真空系统或干式—冷凝脱臭真空系统处理，其中，干式—冷凝技术将来自脱臭塔的水蒸气和游离脂肪酸等物质，在冷凝器冷却管传热面上直接冻结成固相并附着在冷凝管表面，然后液化除去，最终流向真空泵的基本上是洁净的空气；该系统的能耗仅为传统蒸汽喷射大气冷凝真空系统的10%~20%，耗水量仅为传统方法的10%。

3. 固体废弃物处理

植物油脂加工产生的固体废弃物主要是污泥，其源于废水处理的各个环节：隔油破乳产泥、混凝沉淀和气浮产泥、生化反应产泥等。污泥处理方式为：污泥浓缩池→压滤机→泥饼外运或处理。

隔油破乳系统长时间运行后设备内部将产生污泥，通常由破乳系统增加的污泥量较少，且污泥无机质含量较高，较易压滤，但如果破乳、隔油不彻底会导致过多的乳化油进入下一道工序，经混凝沉淀后的污泥含油量增加，难以压滤，泥饼含水率增高，将导致大量的污泥产生。

油脂精炼废水通常含磷较高，需利用药剂的相互作用使磷和药剂形成絮状物，密度较大的胶体转变成污泥，在初沉池中进行泥水分离，沉淀压缩；密度较小的胶体随水流进入气浮，通过溶气系统的减压释放，携带至设备表面，通过刮渣设备收集至污泥池中。气浮池底部的污泥有机质含量较低，无机质含量较高，容易压滤；刮渣过程产生的污泥较多，含油率较高，不易压滤脱水，是污泥产生的主要来源。

生物法处理污水时，附着在填料上的微生物成分复杂，污泥龄相对较长，需要依靠曝气和水流的冲刷力使生物膜脱落、更新，污泥随之流入沉淀系统分离。可活性污泥法具有处理效率高、脱氮除磷能力强、运行维护方便等优点，是常用的废水生物处理方法。

活性污泥法工艺需要污泥回流和循环液回流，吸收的总磷以剩余污泥的形式排出。该方法适合高负荷生化反应，污泥龄较短，老化程度较低，因此产生的剩余污泥量较多，且有机质含量较高，压滤后的泥饼含水率较高。

四、主要质量问题及防（预防）治（解决）方法

近几年，国家食品安全监督抽检结果表明，我国植物油脂主要的质量问题包括酸价、过氧化值，危害因子指标苯并芘、真菌毒素等含量超标。酸价、过氧化值反应植物油脂的氧化酸败程度，破坏油脂营养成分，并产生不良风味；苯并芘和黄曲霉毒素是世界公认的致癌物，

苯并芘主要由加工不当产生,比如在油料进行炒制的过程中,若温度过高,烧焦或碳化的油料会产生致癌物苯并芘,而黄曲霉毒素一般来源于被污染的油料,比如油料在种植、采收、运输及储藏过程中被真菌污染;真菌毒素除黄曲霉毒素外还包括玉米赤霉烯酮、呕吐毒素等;另外,由于我国土壤存在污染问题,油料可能有重金属、农药残留超标等问题,在后续加工工艺中难以去除,造成成品食用植物油污染物超标。

原国家食品药品监督管理总局发布的《食用植物油生产企业食品安全追溯体系的指导意见》中指出,植物油生产企业要对油料来源、加工过程和产品去向、数量等信息如实记录,确保记录真实、可靠、所有环节可有效追溯。记录信息包括原料验收、生产过程、产品检验、产品销售、人员设备等主要内容。《食品安全管理体系 食用油、油脂及其制品生产企业要求》(T/CCAA 0003—2014)中进一步明确了植物油生产企业的"关键过程控制"要求。包括原辅料控制,强调加工过程中食品添加剂、抗氧化剂的使用要求、对原料预处理、浸出、精炼、包装(灌装)等过程进行控制的重要性,确保消费者食用安全。根据《食用植物油生产许可证实施细则》,植物油脂加工过程关键控制环节为:碱炼和脱臭。成品植物油容易出现的主要质量安全问题包括:酸价(酸值)超标;过氧化值超标;溶剂残留量超标等。此外,由于部分油料含有其特有的物质(如:棉酚),需要注意其食用植物油脂中是否去除。

(一)棉酚

新疆是我国棉花的主产区,棉籽油是新疆最主要的食用植物油。棉籽油含有大量不饱和脂肪酸,其中,亚油酸的含量超过50%;还含有丰富的棕榈酸,具有很好的稳定性和起酥性;除此之外,棉籽油不含有对人体有害的反式脂肪酸。但棉籽中含有棉酚,棉酚有游离和结合两种存在形式,游离棉酚具有强毒性,若棉籽油脱酚不彻底,长期食用会对胃肠黏膜刺激性较强,对心脏、肝、肾及中枢神经损害较严重,甚至造成生殖系统功能紊乱。《食品安全国家标准 植物油》(GB 2716—2018)中明确规定食用棉籽油中游离棉酚含量不得超过200mg/kg。

棉酚在棉籽油加工过程中的不利影响包括:棉酚具有毒性,为了确保棉籽油的食用安全,必须采取有效工艺脱除其中的棉酚;棉酚是色素,导致棉籽油色泽加深;棉酚是活性物质,在油脂加工过程中发生氧化或聚合等变性反应,生成不利于油脂品质的物质。未精炼的棉籽原油呈红褐色或棕黄色,就是棉酚及其衍生物造成的,原油中含0.25%~0.47%的棉酚。棉籽中色素腺重量的40%~50%为棉酚,在压榨过程中,色素腺破裂,腺体内的棉酚被释放出来。大部分棉酚与棉籽中的蛋白质结合,形成无毒的结合棉酚;还有一部分游离棉酚残留在饼粕中。碱炼法是脱除棉酚最有效的方法;此外,在棉籽油加工过程中通过加水湿润蒸炒油料、膨化浸出过程中进行水分控制等都可以有效降低棉酚含量。

(二)酸价、过氧化值超标

植物油脂在加工过程中,受光照、热、氧化及酶分解的作用,生成游离脂肪酸导致油脂氧化酸败。氧化酸败油脂的主要外观表现为产生"哈败味"以及颜色变暗甚至变黑;还会对人体健康产生影响,如:刺激胃肠道,出现恶心、呕吐、腹泻等症状,产生的醛酮类化合物长期摄入会引起脏器不可逆损伤等。酸价和过氧化值是反映植物油脂氧化酸败程度的主要指标。

酸价,即酸值或酸度,可体现植物油脂中游离脂肪酸的含量,酸价数值越低,说明植物油脂的新鲜程度越好。植物油脂主要成分是三分子脂肪酸与一分子甘油结合而成的三酰甘油酯,在脂肪酶催化下,油脂逐步水解成甘油和游离脂肪酸,使酸价上升。《食品安全国家标准 植物油》(GB 2716—2018)中规定棉籽油、玉米油的原油酸价不得超过10(KOH)/(mg/g)、成品油酸价不得超过3(KOH)/(mg/g);葵花籽油、玉米油的原油酸价不得超过4(KOH)/(mg/g)、成品油酸价不得超过3(KOH)/(mg/g)。

过氧化值反映植物油脂被氧化程度,在初期能够很好地反映植物油脂的品质以及变质情况,过氧化值越高,油脂的氧化酸败程度越严重。植物油中含有双键不饱和脂肪酸,其性质不稳定,在光、热、金属等作用影响下,极易与空气中的氧发生自动氧化反应,使过氧化值升高,导致油脂变质。《食品安全国家标准 植物油》(GB 2716—2018)中规定原油及成品油中过氧化值不得超过0.25g/100g。植物油脂氧化受其水分含量、温度、氧气含量、金属离子、光照等因素影响。

长期生产实践证明,食用植物油的水分含量应控制在2%以内,杂质含量控制在0.05%以内,储存温度控制在20℃左右,同时应确保储存容器清洁、干燥、密封,必要时可以充入氮气,置换空气,降低氧气含量等,可有效延缓植物油脂氧化酸败的速率。

(三)溶剂残留量超标

《食品安全国家标准 食品添加剂 植物油抽提溶剂》(GB 1886.52)中规定了植物油抽提溶剂(又名己烷类溶剂)主要由己烷等脂肪属碳氢化合物组成,此外还含有少量苯、硫、铅等物质。一些企业受设备、技术条件限制,致使食用植物油中溶剂残留超标,长期食用可能会引发病变,损害中枢神经,导致人体机能紊乱。采用浸出法制油时,应该使用技术手段将溶剂去除,或通过改进生产工艺和购进先进设备,使植物油品质达到《食品安全国家 植物油》(GB 2716—2018)中溶剂残留量不得超过20mg/kg的要求。

总之,为了防范植物油脂质量安全问题的发生,在加工时应该注意以下5点:

(1)严格把控油料质量,从源头提高植物油脂品质。
(2)严格执行加工工艺流程,提高工艺水平,减少成品油脂中不良物质残留量。
(3)严格控制原油及成品油质量指标,使其达到相关国家标准要求。
(4)严格落实植物油脂加工全过程卫生要求,减少污染的可能性。
(5)此外,食用植物油脂应密封后置于干燥、避光、低温环境中。

五、成品质量标准及评价

《食品安全国家标准 植物油》(GB 2716—2018)规定了食用植物油的原料要求、感官要求、理化指标及食品安全要求。其中,污染物限量应符合GB 2762的规定,真菌毒素限量应符合GB 2761的规定,农药残留限量应符合GB 2763的规定,食品添加剂的使用应符合GB 2760的规定,食品营养强化剂的使用应符合GB 14880的规定。

《棉籽油》(GB/T 1537—2019)、《葵花籽油》(GB/T 10464—2017)、《花生油》(GB/T 1534—2017)、《玉米油》(GB/T 19111—2017)等相应国家标准中规定了相应体系植物油脂的质量要求、质量指标以及食品安全要求及检测方法。

依据上述规定,整理出食用植物油成品应符合的质量安全指标,包括:成品棉籽油(一级)、压榨葵花籽油(一级)、压榨成品花生油(一级)、成品玉米油(一级),如表5~表8所示。

表5 成品棉籽油（一级）质量指标表

产品指标			指标要求	标准法规来源	检验方法
原料要求			食用植物油料应符合 GB 19641 的规定 其他原料应符合相应的食品标准和有关规定 浸出使用的抽提溶剂应符合 GB 1886.52 的要求及有关规定 单一品种的食用植物油中不应掺有其他油脂	GB 2716	
			棉籽油中不得掺有其他食用油和非食用油；不得添加任何香精和香料	GB/T 1537	
感官要求		色泽	具有产品应有的色泽	GB 2716	GB 2716
		滋味、气味	具有产品应有的气味和滋味，无焦臭、酸败及其他异味		
		状态	具有产品应有的状态，无正常视力可见的外来异物		
		色泽	淡黄色至浅黄色	GB/T 1537	GB/T 5009.37
		气味、滋味	无异味、口感好		GB/T 5525
		透明度（20℃）	透明		
理化指标		酸价	≤3mg/g（KOH）	GB 2716	GB 5009.229
		过氧化值	≤0.25g/100g		GB 5009.227
		溶剂残留量	≤20mg/kg［压榨油溶剂残留量不得检出（检出值小于10mg/kg时，视为未检出）］		GB 5009.262
		游离棉酚	≤200mg/kg		GB 5009.148
		相对密度（d2020）	0.918～0.926	GB/T 1537	GB/T 5526
		脂肪酸组成：豆蔻酸（C14：0）	0.3%～1.0%		GB 5009.168
		脂肪酸组成：棕榈酸（C16：0）	19.0%～26.4%		
		脂肪酸组成：棕榈油酸（C16：1）	≤1.2%		
		脂肪酸组成：硬脂酸（C18：0）	1.5%～3.3%		
		脂肪酸组成：油酸（C18：1）	13.5%～21.7%		
		脂肪酸组成：亚油酸（C18：2）	46.7%～62.2%		
		脂肪酸组成：亚麻酸（C18：3）	≤0.7%		
		脂肪酸组成：花生酸（C20：0）	0.1%～0.8%		
		脂肪酸组成：山嵛酸（C22：0）	≤0.6%		
		脂肪酸组成：芥酸（C22：1）	≤0.3%		

续表

产品指标		指标要求	标准法规来源	检验方法
理化指标	烟点	≥190 ℃	GB/T 1537	GB/T 20795
	水分及挥发物含量	≤0.10%		GB 5009.236
	不溶性杂质含量	≤0.05%		GB/T 15688
	酸价	≤0.3mg/g（以 KOH 计）		GB 5009.229
	过氧化值	≤0.12g/100g		GB 5009.227
	游离棉酚	≤50mg/kg		GB 5009.148
	食品安全要求	按食品安全标准和法律法规要求规定执行 注：如 GB 2716 等食品安全国家标准		
真菌毒素限量	黄曲霉毒素 B1	≤10μg/kg	GB 2761	GB 5009.22
污染物限量	铅	≤0.1mg/kg（以 Pb 计）	GB 2762	GB 5009.12
	苯并[a]芘	≤10μg/kg		GB 5009.27
	总砷	≤0.1mg/kg（以 As 计）		GB 5009.11
	锡	≤250mg/kg（以 Sn 计。仅适用于采用镀锡薄板容器包装的食品）		GB 5009.16
塑化剂限量	邻苯二甲酸二（α-乙基己酯）	≤1.5mg/kg	市场监管总局关于食品中"塑化剂"污染风险防控的指导意见	GB 5009.271
	邻苯二甲酸二异壬酯	≤9.0mg/kg		
	邻苯二甲酸二丁酯	≤0.3mg/kg		

表6　压榨葵花籽油（一级）质量指标表

产品指标	指标要求	标准法规来源	检验方法
原料要求	食用植物油料应符合 GB 19641 的规定 其他原料应符合相应的食品标准和有关规定 浸出使用的抽提溶剂应符合 GB 1886.52 的要求及有关规定 单一品种的食用植物油中不应掺有其他油脂	GB 2716	
	不得添加任何香精香料，不得添加其他食用油类和非食用物质	GB/T 10464	

续表

产品指标		指标要求	标准法规来源	检验方法
感官要求	色泽	具有产品应有的色泽	GB 2716	GB 2716
	滋味、气味	具有产品应有的气味和滋味，无焦臭、酸败及其他异味		
	状态	具有产品应有的状态，无正常视力可见的外来异物		
	色泽	淡黄色至橙黄色	GB/T 10464	GB/T 5009.37
	气味、滋味	无异味，口感好		GB/T 5525
	透明度（20℃）	澄清、透明		
理化指标	酸价	≤3mg/g（KOH）	GB 2716	GB 5009.229
	过氧化值	≤0.25g/100g		GB 5009.227
	溶剂残留量	≤20mg/kg［压榨油溶剂残留量不得检出（检出值小于10mg/kg时，视为未检出）］		GB 5009.262
	相对密度（d2020）	0.918~0.923	GB/T 10464	GB/T 5526
	脂肪酸组成：豆蔻酸（C14∶0）	≤0.2%		GB 5009.168
	脂肪酸组成：棕榈酸（C16∶0）	5.0%~7.6%		
	脂肪酸组成：棕榈油酸（C16∶1）	≤0.3%		
	脂肪酸组成：十七烷酸（C17∶0）	≤0.2%		
	脂肪酸组成：十七烷一烯酸（C17∶1）	≤0.1%		
	脂肪酸组成：硬脂酸（C18∶0）	2.7%~6.5%		
	脂肪酸组成：油酸（C18∶1）	14.0%~39.4%		
	脂肪酸组成：亚油酸（C18∶2）	48.3%~74.0%		
	脂肪酸组成：亚麻酸（C18∶3）	≤0.3%		
	脂肪酸组成：花生酸（C20∶0）	0.1%~0.5%		
	脂肪酸组成：花生一烯酸（C20∶1）	≤0.3%		
	脂肪酸组成：山嵛酸（C22∶0）	0.3%~1.5%		
	脂肪酸组成：芥酸（C22∶1）	≤0.3%		
	脂肪酸组成：二十二碳二烯酸（C22∶2）	≤0.3%		
	脂肪酸组成：木焦油酸（C24∶0）	≤0.5%		
	水分及挥发物含量	≤0.10%		GB 5009.236
	不溶性杂质含量	≤0.05%		GB/T 15688

续表

产品指标		指标要求	标准法规来源	检验方法
理化指标	酸价	≤1.5mg/g（KOH）	GB/T 10464	GB 5009.229
	过氧化值	≤7.5mmol/kg		GB 5009.227
	溶剂残留量	不得检出（溶剂残留量检出值小于10mg/kg时，视为未检出）		GB 5009.262
真菌毒素限量	黄曲霉毒素 B1	≤10μg/kg	GB 2761	GB 5009.22
污染物限量	铅	≤0.1mg/kg（以 Pb 计）	GB 2762	GB 5009.12
	苯并[a]芘	≤10μg/kg		GB 5009.27
	总砷	≤0.1mg/kg（以 As 计）		GB 5009.11
	锡	≤250mg/kg（以 Sn 计。仅适用于采用镀锡薄板容器包装的食品）		GB 5009.16
塑化剂限量	邻苯二甲酸二（α-乙基己酯）	≤1.5mg/kg	市场监管总局关于食品中"塑化剂"污染风险防控的指导意见	GB 5009.271
	邻苯二甲酸二异壬酯	≤9.0mg/kg		
	邻苯二甲酸二丁酯	≤0.3mg/kg		

表7 压榨成品花生油（一级）质量指标表

产品指标		指标要求	标准法规来源	检验方法
原料要求		食用植物油料应符合 GB 19641 的规定 其他原料应符合相应的食品标准和有关规定 浸出使用的抽提溶剂应符合 GB 1886.52 的要求及有关规定 单一品种的食用植物油中不应掺有其他油脂	GB 2716	
原料要求		不得添加任何香精香料，不得添加其他食用油类和非食用物质	GB/T 1534	
感官要求	色泽	具有产品应有的色泽	GB 2716	GB 2716
	滋味、气味	具有产品应有的气味和滋味，无焦臭、酸败及其他异味		
	状态	具有产品应有的状态，无正常视力可见的外来异物		
	色泽	淡黄色至橙黄色	GB/T 1534	GB/T 5009.37

续表

	产品指标	指标要求	标准法规来源	检验方法
感官要求	气味、滋味	具有花生油固有的香味和滋味，无异味	GB/T 1534	GB/T 5525
	透明度（20℃）	澄清、透明		
理化指标	酸价	≤3mg/g（KOH）	GB 2716	GB 5009.229
	过氧化值	≤0.25g/100g		GB 5009.227
	溶剂残留量	≤20mg/kg［压榨油溶剂残留量不得检出（检出值小于10mg/kg时，视为未检出）］		GB 5009.262
	相对密度（d2020）	0.914~0.917	GB/T 1534	GB/T 5526
	脂肪酸组成：豆蔻酸（C14：0）	≤0.1%		GB 5009.168
	脂肪酸组成：棕榈酸（C16：0）	8.0%~14.0%		
	脂肪酸组成：棕榈油酸（C16：1）	≤0.2%		
	脂肪酸组成：十七烷酸（C17：0）	≤0.1%		
	脂肪酸组成：十七烷一烯酸（C17：1）	≤0.1%		
	脂肪酸组成：硬脂酸（C18：0）	1.0%~4.5%		
	脂肪酸组成：油酸（C18：1）	35.0%~69.0%		
	脂肪酸组成：亚油酸（C18：2）	13.0%~43.0%		
	脂肪酸组成：亚麻酸（C18：3）	≤0.3%		
	脂肪酸组成：花生酸（C20：0）	1.0%~2.0%		
	脂肪酸组成：花生一烯酸（C20：1）	0.7%~1.7%		
	脂肪酸组成：山嵛酸（C22：0）	1.5%~4.5%		
	脂肪酸组成：芥酸（C22：1）	≤0.3%		
	脂肪酸组成：木焦油酸（C24：0）	0.5%~2.5%		
	脂肪酸组成：二十四碳一烯酸（C24：1）	≤0.3%		
	水分及挥发物含量	≤0.10%		GB 5009.236
	不溶性杂质含量	≤0.05%		GB/T 15688
	酸价	≤1.5mg/g（KOH）		GB 5009.229
	过氧化值	≤6.0mmol/kg		GB 5009.227
	加热试验（280℃）	无析出物，油色不变		GB/T 5531
	溶剂残留量	不得检出		GB 5009.262
真菌毒素限量	黄曲霉毒素B1	≤20μg/kg	GB 2761	GB 5009.22

续表

产品指标		指标要求	标准法规来源	检验方法
污染物限量	铅	≤0.1mg/kg（以Pb计）	GB 2762	GB 5009.12
	苯并[a]芘	≤10μg/kg		GB 5009.27
	总砷	≤0.1mg/kg（以As计）		GB 5009.11
	锡	≤250mg/kg（以Sn计。仅适用于采用镀锡薄板容器包装的食品）		GB 5009.16
塑化剂限量	邻苯二甲酸二（α-乙基己酯）	≤1.5mg/kg	市场监管总局关于食品中"塑化剂"污染风险防控的指导意见	GB 5009.271
	邻苯二甲酸二异壬酯	≤9.0mg/kg		
	邻苯二甲酸二丁酯	≤0.3mg/kg		

表8 成品玉米油（一级）质量指标表

产品指标要求		指标要求	标准法规来源	检验方法
原料要求		食用植物油料应符合GB 19641的规定 其他原料应符合相应的食品标准和有关规定 浸出使用的抽提溶剂应符合GB 1886.52的要求及有关规定 单一品种的食用植物油中不应掺有其他油脂	GB 2716	
		不得添加任何香精香料，不得添加其他食用油类和非食用物质	GB/T 19111	
感官要求	色泽	具有产品应有的色泽	GB 2716	GB 2716
	滋味、气味	具有产品应有的气味和滋味，无焦臭、酸败及其他异味		
	状态	具有产品应有的状态，无正常视力可见的外来异物		
	色泽	淡黄色至黄色	GB/T 19111	GB/T 5009.37
	气味、滋味	无异味、口感好		
	透明度（20℃）	澄清、透明		GB/T 5525
理化指标	酸价	≤3mg/g（KOH）	GB 2716	GB 5009.229
	过氧化值	≤0.25g/100g		GB 5009.227
	溶剂残留量	≤20mg/kg[压榨油溶剂残留量不得检出（检出值小于10mg/kg时，视为未检出）]		GB 5009.262

续表

产品指标要求		指标要求	标准法规来源	检验方法
理化指标	游离棉酚	≤200mg/kg	GB2716	GB 5009.148
	相对密度（d2020）	0.917%~0.925	GB/T 19111	GB/T 5526
	脂肪酸组成：十四碳以下脂肪酸	≤0.3%		GB 5009.168
	脂肪酸组成：豆蔻酸（C14：0）	≤0.3%		
	脂肪酸组成：棕榈酸（C16：0）	8.6%~16.5%		
	脂肪酸组成：棕榈一烯酸（C16：1）	≤0.5%		
	脂肪酸组成：十七烷酸（C17：0）	≤0.1%		
	脂肪酸组成：十七碳一烯酸（C16：1）	≤0.1%		
	脂肪酸组成：硬脂酸（C18：0）	≤3.3%		
	脂肪酸组成：油酸（C18：1）	20.0%~42.2%		
	脂肪酸组成：亚油酸（C18：2）	34.0%~65.6%		
	脂肪酸组成：亚麻酸（C18：3）	≤2.0%		
	脂肪酸组成：花生酸（C20：0）	0.3%~1.0%		
	脂肪酸组成：花生一烯酸（C20：1）	0.2%~0.6%		
	脂肪酸组成：花生二烯酸（C20：2）	≤0.1%		
	脂肪酸组成：山嵛酸（C22：0）	≤0.5%		
	脂肪酸组成：芥酸（C22：1）	≤0.3%		
	脂肪酸组成：木焦油酸（C24：0）	≤0.5%		
	水分及挥发物含量	≤0.10%		GB 5009.236
	不溶性杂质含量	≤0.05%		GB/T 15688
	酸价	≤0.50mg/g（以 KOH 计）		GB 5009.229
	烟点	≥190 ℃		GB/T 20795
	冷冻试验（0℃储藏 5.5h）	澄清、透明		GB/T 17756
	加热试验（280℃）	无析出物，允许油色变浅或不变		GB/T 5531
	食品安全要求	按食品安全标准和法律法规要求规定执行 注：如 GB 2716 等食品安全国家标准		
真菌毒素限量	黄曲霉毒素 B1	≤20μg/kg	GB 2761	GB 5009.22

续表

产品指标要求		指标要求	标准法规来源	检验方法
污染物限量	铅	≤0.1mg/kg（以 Pb 计）	GB 2762	GB 5009.12
	苯并［a］芘	≤10μg/kg		GB 5009.27
	总砷	≤0.1mg/kg（以 As 计）		GB 5009.11
	锡	≤250mg/kg（以 Sn 计。仅适用于采用镀锡薄板容器包装的食品）		GB 5009.16
塑化剂限量	邻苯二甲酸二（α-乙基己酯）	≤1.5mg/kg	市场监管总局关于食品中"塑化剂"污染风险防控的指导意见	GB 5009.271
	邻苯二甲酸二异壬酯	≤9.0mg/kg		
	邻苯二甲酸二丁酯	≤0.3mg/kg		

实训工作任务单

学习项目	植物油脂加工技术	工作任务	棉籽油加工
时间		工作地点	
任务内容	新疆是我国棉籽油料主产区，当地某企业欲新增棉籽油加工生产线，为使植物油脂加工顺利进行，棉籽油料验收的注意事项及验收要求是什么？棉籽油加工工艺及流程是什么？加工过程中的主要参数应如何设置？加工过程中可能面临哪些质量安全问题，应如何预防和解决？棉籽油成品应如何完成验收，使其顺利流向市场		
工作目标	素质目标 1. 了解中国植物油脂加工行业基本情况 2. 了解地方特色植物油脂加工相关知识 技能目标 1. 能够根据标准要求进行植物油脂加工原辅料的验收 2. 能够根据原辅料特点和成分对加工工艺参数进行调整 3. 能够预防和解决植物油脂加工过程中的主要质量安全问题 4. 能够根据标准要求完成植物油脂加工成品的验收 知识目标 1. 掌握常见植物油脂原辅料的验收要求和加工特点 2. 掌握典型植物油脂加工的工艺流程和关键工艺参数 3. 掌握植物油脂加工中的主要质量安全问题及预防和解决方法 4. 掌握植物油脂成品的质量安全标准要求及其评价方法		
产品描述	请描述棉籽油成品的特点及感官性状等		
操作要点	请根据课程学习和实验操作填写棉籽油制作的工艺流程和操作要点		
成果提交	实训报告，棉籽油		
相关标准/验收标准	请根据课程学习和实验操作填写棉籽油相关验收标准，包括指标名称、指标要求、检测方法、来源标准法规		
实验心得	本次实验有哪些收获？产品的关键控制点和容易出现的问题有哪些		
提示			

工作考核单

学习项目	植物油脂加工技术		工作任务	棉籽油加工	
班级		组别		（组长）姓名	

序号	考核内容	考核标准	分数	权重		
				自评	组评	教师评
				30%	30%	40%
1	学习态度（5分）	积极主动，实事求是，团队协作，律己守纪				
2	组织纪律（5分）	上课考勤情况				
3	任务领会与计划（10分）	理解生产任务目标要求，能查阅相关资料，能制订生产方案				
4	任务实施（50分）	能根据生产任务单和作业指导书实施生产步骤，完成任务				
5	项目验收（20分）	依据相关技术资料对完成的工作任务进行评价				
6	工作评价与反馈（10分）	针对任务的完成情况进行合理分析，对存在问题展开讨论，提出修改意见				
	合计					

评语	
	指导老师签字_____

参考文献

[1] 王元辉.生鲜湿面褐变影响因素、机理及控制技术研究进展[J].河南工业大学学报,2020.

[2] 王瑞元.2020年度我国粮油加工业的基本情况[J].粮食加工,2022,47(1):1-9.

[3] 方丹,邢荣花,徐双娇,等.我国主栽棉花品种棉籽质量分析[J].中国棉花,2020,47(7):27-31,36.

[4] 王瑞元.我国葵花籽油产业现状及发展前景[J].中国油脂,2020,45(3):1-3.

[5] 何东平,杨威,陈哲,等.花生油品质安全控制关键技术研究[J].粮食与油脂,2022,35(2):1-5,14.

[6] 宋晓寒,王会.玉米油的营养功能及提取工艺[J].食品安全导刊,2018(21):135-136.

[7] 张燕飞,王成涛,崔平勇,等.棉籽油精炼工艺研究[J].中国油脂,2015,40(3):11-14.

[8] 周易枚,刘尧刚,王忠强.浓香葵花籽油加工工艺实践[J].粮食与食品工业,2020,27(5):33-35.

[9] 杨蕊竹,王鹏.植物油厂降低废水处理成本的控制措施[J].中国油脂,2021,46(1):89-91.

[10] 郭亚男,张欣,唐洪琳,等.植物油加工车间废水处理工艺技术[J].粮食与食品工业,2018,25(6):16-17,23.

[11] 秦卫国,万辉,周人楷.植物油厂有机废气的排放与控制措施[J].粮食与食品工业,2013,20(4):23-25.